W9-BTF-844

MULTIPLICATION FACTS
PRACTICE WORKSHEETS

More than 3100 multiplication facts and exercises to help children enhance their elementary multiplication skill

By Shobha

Educators and teachers are granted permission to photocopy the designated reproducible pages from this book for classroom use only. No other part of this book may be reproduced in whole or in part, or stored in a retrieval system, or transmitted in any form or by any means, electronic, photocopying, or otherwise, without written permission of the publisher.

© 2016 by Shobha
All rights reserved.
Printed in U.S.A.

Table of Contents

Multiplication Table Reference

1 X

1	×	1	=	1
1	×	2	=	2
1	×	3	=	3
1	×	4	=	4
1	×	5	=	5
1	×	6	=	6
1	×	7	=	7
1	×	8	=	8
1	×	9	=	9
1	×	10	=	10

2 X

2	×	1	=	2
2	×	2	=	4
2	×	3	=	6
2	×	4	=	8
2	×	5	=	10
2	×	6	=	12
2	×	7	=	14
2	×	8	=	16
2	×	9	=	18
2	×	10	=	20

3 X

3	×	1	=	3
3	×	2	=	6
3	×	3	=	9
3	×	4	=	12
3	×	5	=	15
3	×	6	=	18
3	×	7	=	21
3	×	8	=	24
3	×	9	=	27
3	×	10	=	30

4 X

4	×	1	=	4
4	×	2	=	8
4	×	3	=	12
4	×	4	=	16
4	×	5	=	20
4	×	6	=	24
4	×	7	=	28
4	×	8	=	32
4	×	9	=	36
4	×	10	=	40

5 X

5	×	1	=	5
5	×	2	=	10
5	×	3	=	15
5	×	4	=	20
5	×	5	=	25
5	×	6	=	30
5	×	7	=	35
5	×	8	=	40
5	×	9	=	45
5	×	10	=	50

6 X

6	×	1	=	6
6	×	2	=	12
6	×	3	=	18
6	×	4	=	24
6	×	5	=	30
6	×	6	=	36
6	×	7	=	42
6	×	8	=	48
6	×	9	=	54
6	×	10	=	60

7 X

7	×	1	=	7
7	×	2	=	14
7	×	3	=	21
7	×	4	=	28
7	×	5	=	35
7	×	6	=	42
7	×	7	=	49
7	×	8	=	56
7	×	9	=	63
7	×	10	=	70

8 X

8	×	1	=	8
8	×	2	=	16
8	×	3	=	24
8	×	4	=	32
8	×	5	=	40
8	×	6	=	48
8	×	7	=	56
8	×	8	=	64
8	×	9	=	72
8	×	10	=	80

9 X

9	×	1	=	9
9	×	2	=	18
9	×	3	=	27
9	×	4	=	36
9	×	5	=	45
9	×	6	=	54
9	×	7	=	63
9	×	8	=	72
9	×	9	=	81
9	×	10	=	90

10 X

10	×	1	=	10
10	×	2	=	20
10	×	3	=	30
10	×	4	=	40
10	×	5	=	50
10	×	6	=	60
10	×	7	=	70
10	×	8	=	80
10	×	9	=	90
10	×	10	=	100

11 X

11	×	1	=	11
11	×	2	=	22
11	×	3	=	33
11	×	4	=	44
11	×	5	=	55
11	×	6	=	66
11	×	7	=	77
11	×	8	=	88
11	×	9	=	99
11	×	10	=	110

12 X

12	×	1	=	12
12	×	2	=	24
12	×	3	=	36
12	×	4	=	48
12	×	5	=	60
12	×	6	=	72
12	×	7	=	84
12	×	8	=	96
12	×	9	=	108
12	×	10	=	120

Did You Know?

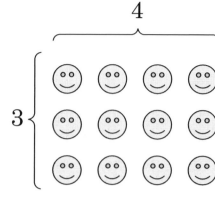

12 Smileys

> Multiplication is **repeated addition**

For example: 4 x 3 = 4 + 4 + 4 = 12

> If we multiply two numbers, it does not matter which number is first or second. The result is always the same.

For example: 4 x 3 = 3 x 4 = 12

This is also called **Commutative Property**

> If you multiply any number by 0, the result is always 0!

For example: 4 x 0 = 0

> Any number multiplied by 1 always stays the same!

For example: 4 x 1 = 4

> Multiplying any number by 2 is just doubling the number which is same as adding the number to itself

For example: 2 x 2 = 4; 3 x 2 = 6; 4 x 2 = 8, etc.

> If you multiply any number by 5, the result always ends in 0 or 5

For example: 2 x 5 = 10; 3 x 5 = 15; 4 x 5 = 20, etc.

> For multiplying any number by 10, just put a zero after the number

For example: 2 x 10 = 20; 3 x 10 = 30; 4 x 10 = 40, etc.

> Numbers to be multiplied are called the **multiplier** and the **multiplicand**, or they are sometimes both called "factors." The result of multiplication is called a "product."

SET I

Date: _____ Start: _____ Finish: _____ Score: _____

1.
$$\begin{array}{r} 0 \\ \times\ 3 \\ \hline \end{array}$$

2.
$$\begin{array}{r} 0 \\ \times\ 6 \\ \hline \end{array}$$

3.
$$\begin{array}{r} 0 \\ \times\ 0 \\ \hline \end{array}$$

4.
$$\begin{array}{r} 0 \\ \times\ 8 \\ \hline \end{array}$$

5.
$$\begin{array}{r} 0 \\ \times\ 7 \\ \hline \end{array}$$

6.
$$\begin{array}{r} 0 \\ \times\ 1 \\ \hline \end{array}$$

7.
$$\begin{array}{r} 0 \\ \times\ 2 \\ \hline \end{array}$$

8.
$$\begin{array}{r} 0 \\ \times\ 9 \\ \hline \end{array}$$

9.
$$\begin{array}{r} 0 \\ \times\ 10 \\ \hline \end{array}$$

10.
$$\begin{array}{r} 0 \\ \times\ 5 \\ \hline \end{array}$$

11.
$$\begin{array}{r} 0 \\ \times\ 4 \\ \hline \end{array}$$

12.
$$\begin{array}{r} 0 \\ \times\ 3 \\ \hline \end{array}$$

13.
$$\begin{array}{r} 0 \\ \times\ 9 \\ \hline \end{array}$$

14.
$$\begin{array}{r} 0 \\ \times\ 0 \\ \hline \end{array}$$

15.
$$\begin{array}{r} 0 \\ \times\ 4 \\ \hline \end{array}$$

16.
$$\begin{array}{r} 0 \\ \times\ 7 \\ \hline \end{array}$$

17.
$$\begin{array}{r} 0 \\ \times\ 10 \\ \hline \end{array}$$

18.
$$\begin{array}{r} 0 \\ \times\ 5 \\ \hline \end{array}$$

SET II

Date: _____ Start: _____ Finish: _____ Score: _____

1.
$$\begin{array}{r} 0 \\ \times\ 6 \\ \hline \end{array}$$

2.
$$\begin{array}{r} 0 \\ \times\ 1 \\ \hline \end{array}$$

3.
$$\begin{array}{r} 0 \\ \times\ 8 \\ \hline \end{array}$$

4.
$$\begin{array}{r} 0 \\ \times\ 2 \\ \hline \end{array}$$

5.
$$\begin{array}{r} 0 \\ \times\ 4 \\ \hline \end{array}$$

6.
$$\begin{array}{r} 0 \\ \times\ 9 \\ \hline \end{array}$$

7.
$$\begin{array}{r} 0 \\ \times\ 5 \\ \hline \end{array}$$

8.
$$\begin{array}{r} 0 \\ \times\ 10 \\ \hline \end{array}$$

9.
$$\begin{array}{r} 0 \\ \times\ 0 \\ \hline \end{array}$$

10.
$$\begin{array}{r} 0 \\ \times\ 6 \\ \hline \end{array}$$

11.
$$\begin{array}{r} 0 \\ \times\ 1 \\ \hline \end{array}$$

12.
$$\begin{array}{r} 0 \\ \times\ 7 \\ \hline \end{array}$$

13.
$$\begin{array}{r} 0 \\ \times\ 3 \\ \hline \end{array}$$

14.
$$\begin{array}{r} 0 \\ \times\ 8 \\ \hline \end{array}$$

15.
$$\begin{array}{r} 0 \\ \times\ 2 \\ \hline \end{array}$$

16.
$$\begin{array}{r} 0 \\ \times\ 0 \\ \hline \end{array}$$

17.
$$\begin{array}{r} 0 \\ \times\ 1 \\ \hline \end{array}$$

18.
$$\begin{array}{r} 0 \\ \times\ 6 \\ \hline \end{array}$$

SET I Date: _____ Start: _____ Finish: _____ Score: _____

(1) $\begin{array}{r} 1 \\ \times \quad 3 \\ \hline \end{array}$	(2) $\begin{array}{r} 1 \\ \times \quad 4 \\ \hline \end{array}$	(3) $\begin{array}{r} 1 \\ \times \quad 1 \\ \hline \end{array}$	(4) $\begin{array}{r} 1 \\ \times \quad 7 \\ \hline \end{array}$	(5) $\begin{array}{r} 1 \\ \times \quad 0 \\ \hline \end{array}$	(6) $\begin{array}{r} 1 \\ \times \ 1\ 0 \\ \hline \end{array}$
(7) $\begin{array}{r} 1 \\ \times \quad 5 \\ \hline \end{array}$	(8) $\begin{array}{r} 1 \\ \times \quad 8 \\ \hline \end{array}$	(9) $\begin{array}{r} 1 \\ \times \quad 9 \\ \hline \end{array}$	(10) $\begin{array}{r} 1 \\ \times \quad 2 \\ \hline \end{array}$	(11) $\begin{array}{r} 1 \\ \times \quad 6 \\ \hline \end{array}$	(12) $\begin{array}{r} 1 \\ \times \quad 1 \\ \hline \end{array}$
(13) $\begin{array}{r} 1 \\ \times \ 1\ 0 \\ \hline \end{array}$	(14) $\begin{array}{r} 1 \\ \times \quad 6 \\ \hline \end{array}$	(15) $\begin{array}{r} 1 \\ \times \quad 4 \\ \hline \end{array}$	(16) $\begin{array}{r} 1 \\ \times \quad 2 \\ \hline \end{array}$	(17) $\begin{array}{r} 1 \\ \times \quad 0 \\ \hline \end{array}$	(18) $\begin{array}{r} 1 \\ \times \quad 7 \\ \hline \end{array}$

SET II Date: _____ Start: _____ Finish: _____ Score: _____

(1) $\begin{array}{r} 1 \\ \times \quad 3 \\ \hline \end{array}$	(2) $\begin{array}{r} 1 \\ \times \quad 9 \\ \hline \end{array}$	(3) $\begin{array}{r} 1 \\ \times \quad 5 \\ \hline \end{array}$	(4) $\begin{array}{r} 1 \\ \times \quad 8 \\ \hline \end{array}$	(5) $\begin{array}{r} 1 \\ \times \quad 8 \\ \hline \end{array}$	(6) $\begin{array}{r} 1 \\ \times \quad 5 \\ \hline \end{array}$
(7) $\begin{array}{r} 1 \\ \times \quad 0 \\ \hline \end{array}$	(8) $\begin{array}{r} 1 \\ \times \quad 9 \\ \hline \end{array}$	(9) $\begin{array}{r} 1 \\ \times \quad 4 \\ \hline \end{array}$	(10) $\begin{array}{r} 1 \\ \times \quad 1 \\ \hline \end{array}$	(11) $\begin{array}{r} 1 \\ \times \quad 7 \\ \hline \end{array}$	(12) $\begin{array}{r} 1 \\ \times \quad 3 \\ \hline \end{array}$
(13) $\begin{array}{r} 1 \\ \times \ 1\ 0 \\ \hline \end{array}$	(14) $\begin{array}{r} 1 \\ \times \quad 6 \\ \hline \end{array}$	(15) $\begin{array}{r} 1 \\ \times \quad 2 \\ \hline \end{array}$	(16) $\begin{array}{r} 1 \\ \times \quad 5 \\ \hline \end{array}$	(17) $\begin{array}{r} 1 \\ \times \quad 1 \\ \hline \end{array}$	(18) $\begin{array}{r} 1 \\ \times \quad 7 \\ \hline \end{array}$

SET I Date: _____ Start: _____ Finish: _____ Score: _____

(1) $\begin{array}{r} 2 \\ \times\ 6 \\ \hline \end{array}$	(2) $\begin{array}{r} 2 \\ \times\ 5 \\ \hline \end{array}$	(3) $\begin{array}{r} 2 \\ \times\ 8 \\ \hline \end{array}$	(4) $\begin{array}{r} 2 \\ \times\ 4 \\ \hline \end{array}$	(5) $\begin{array}{r} 2 \\ \times\ 10 \\ \hline \end{array}$	(6) $\begin{array}{r} 2 \\ \times\ 2 \\ \hline \end{array}$
(7) $\begin{array}{r} 2 \\ \times\ 9 \\ \hline \end{array}$	(8) $\begin{array}{r} 2 \\ \times\ 7 \\ \hline \end{array}$	(9) $\begin{array}{r} 2 \\ \times\ 3 \\ \hline \end{array}$	(10) $\begin{array}{r} 2 \\ \times\ 2 \\ \hline \end{array}$	(11) $\begin{array}{r} 2 \\ \times\ 9 \\ \hline \end{array}$	(12) $\begin{array}{r} 2 \\ \times\ 4 \\ \hline \end{array}$
(13) $\begin{array}{r} 2 \\ \times\ 8 \\ \hline \end{array}$	(14) $\begin{array}{r} 2 \\ \times\ 7 \\ \hline \end{array}$	(15) $\begin{array}{r} 2 \\ \times\ 5 \\ \hline \end{array}$	(16) $\begin{array}{r} 2 \\ \times\ 3 \\ \hline \end{array}$	(17) $\begin{array}{r} 2 \\ \times\ 10 \\ \hline \end{array}$	(18) $\begin{array}{r} 2 \\ \times\ 6 \\ \hline \end{array}$

SET II Date: _____ Start: _____ Finish: _____ Score: _____

(1) $\begin{array}{r} 2 \\ \times\ 4 \\ \hline \end{array}$	(2) $\begin{array}{r} 2 \\ \times\ 9 \\ \hline \end{array}$	(3) $\begin{array}{r} 2 \\ \times\ 5 \\ \hline \end{array}$	(4) $\begin{array}{r} 2 \\ \times\ 3 \\ \hline \end{array}$	(5) $\begin{array}{r} 2 \\ \times\ 6 \\ \hline \end{array}$	(6) $\begin{array}{r} 2 \\ \times\ 10 \\ \hline \end{array}$
(7) $\begin{array}{r} 2 \\ \times\ 7 \\ \hline \end{array}$	(8) $\begin{array}{r} 2 \\ \times\ 8 \\ \hline \end{array}$	(9) $\begin{array}{r} 2 \\ \times\ 2 \\ \hline \end{array}$	(10) $\begin{array}{r} 2 \\ \times\ 7 \\ \hline \end{array}$	(11) $\begin{array}{r} 2 \\ \times\ 4 \\ \hline \end{array}$	(12) $\begin{array}{r} 2 \\ \times\ 9 \\ \hline \end{array}$
(13) $\begin{array}{r} 2 \\ \times\ 6 \\ \hline \end{array}$	(14) $\begin{array}{r} 2 \\ \times\ 8 \\ \hline \end{array}$	(15) $\begin{array}{r} 2 \\ \times\ 2 \\ \hline \end{array}$	(16) $\begin{array}{r} 2 \\ \times\ 3 \\ \hline \end{array}$	(17) $\begin{array}{r} 2 \\ \times\ 5 \\ \hline \end{array}$	(18) $\begin{array}{r} 2 \\ \times\ 10 \\ \hline \end{array}$

SET I   Date: _____   Start: _____   Finish: _____   Score: _____

1	2	3	4	5	6
2 × 4	2 × 3	2 × 5	2 × 9	2 × 7	2 × 1 0

7	8	9	10	11	12
2 × 2	2 × 8	2 × 6	2 × 8	2 × 9	2 × 4

13	14	15	16	17	18
2 × 1 0	2 × 7	2 × 3	2 × 2	2 × 5	2 × 6

SET II   Date: _____   Start: _____   Finish: _____   Score: _____

1	2	3	4	5	6
2 × 7	2 × 3	2 × 2	2 × 8	2 × 6	2 × 4

7	8	9	10	11	12
2 × 1 0	2 × 9	2 × 5	2 × 4	2 × 3	2 × 8

13	14	15	16	17	18
2 × 1 0	2 × 9	2 × 7	2 × 2	2 × 5	2 × 6

SET I   Date: _____   Start: _____   Finish: _____   Score: _____

1	2	3	4	5	6
2 × 9	2 × 3	2 × 8	2 × 2	2 × 6	2 × 1 0

7	8	9	10	11	12
2 × 5	2 × 4	2 × 7	2 × 6	2 × 9	2 × 5

13	14	15	16	17	18
2 × 2	2 × 7	2 × 1 0	2 × 4	2 × 8	2 × 3

SET II   Date: _____   Start: _____   Finish: _____   Score: _____

1	2	3	4	5	6
2 × 3	2 × 1 0	2 × 6	2 × 9	2 × 2	2 × 5

7	8	9	10	11	12
2 × 8	2 × 4	2 × 7	2 × 8	2 × 3	2 × 2

13	14	15	16	17	18
2 × 6	2 × 4	2 × 9	2 × 5	2 × 1 0	2 × 7

SET I   Date: _____   Start: _____   Finish: _____   Score: _____

1	2	3	4	5	6
2 × 6	2 × 2	2 × 9	2 × 3	2 × 7	2 × 8

7	8	9	10	11	12
2 × 4	2 × 1 0	2 × 5	2 × 1 0	2 × 6	2 × 5

13	14	15	16	17	18
2 × 9	2 × 4	2 × 8	2 × 7	2 × 3	2 × 2

SET II   Date: _____   Start: _____   Finish: _____   Score: _____

1	2	3	4	5	6
2 × 5	2 × 3	2 × 2	2 × 9	2 × 7	2 × 8

7	8	9	10	11	12
2 × 1 0	2 × 4	2 × 6	2 × 4	2 × 9	2 × 7

13	14	15	16	17	18
2 × 2	2 × 1 0	2 × 6	2 × 5	2 × 8	2 × 3

SET I　　Date: _____　　Start: _____　　Finish: _____　　Score: _____

(1) 3 × 9	(2) 3 × 6	(3) 3 × 3	(4) 3 × 7	(5) 3 × 8	(6) 3 × 2
(7) 3 × 10	(8) 3 × 4	(9) 3 × 5	(10) 3 × 5	(11) 3 × 7	(12) 3 × 9
(13) 3 × 6	(14) 3 × 8	(15) 3 × 2	(16) 3 × 3	(17) 3 × 10	(18) 3 × 4

SET II　　Date: _____　　Start: _____　　Finish: _____　　Score: _____

(1) 3 × 6	(2) 3 × 7	(3) 3 × 3	(4) 3 × 10	(5) 3 × 9	(6) 3 × 4
(7) 3 × 2	(8) 3 × 8	(9) 3 × 5	(10) 3 × 7	(11) 3 × 10	(12) 3 × 8
(13) 3 × 6	(14) 3 × 2	(15) 3 × 4	(16) 3 × 5	(17) 3 × 3	(18) 3 × 9

SET I Date: _____ Start: _____ Finish: _____ Score: _____

1	2	3	4	5	6
3 × 9	3 × 5	3 × 2	3 × 7	3 × 6	3 × 8

7	8	9	10	11	12
3 × 10	3 × 3	3 × 4	3 × 4	3 × 7	3 × 5

13	14	15	16	17	18
3 × 10	3 × 8	3 × 9	3 × 6	3 × 3	3 × 2

SET II Date: _____ Start: _____ Finish: _____ Score: _____

1	2	3	4	5	6
3 × 5	3 × 3	3 × 8	3 × 7	3 × 4	3 × 6

7	8	9	10	11	12
3 × 2	3 × 10	3 × 9	3 × 7	3 × 4	3 × 5

13	14	15	16	17	18
3 × 8	3 × 2	3 × 3	3 × 9	3 × 6	3 × 10

SET I   Date: _____   Start: _____   Finish: _____   Score: _____

(1) $\begin{array}{r} 3 \\ \times\ 2 \\ \hline \end{array}$	(2) $\begin{array}{r} 3 \\ \times\ 7 \\ \hline \end{array}$	(3) $\begin{array}{r} 3 \\ \times\ 5 \\ \hline \end{array}$	(4) $\begin{array}{r} 3 \\ \times\ 9 \\ \hline \end{array}$	(5) $\begin{array}{r} 3 \\ \times\ 8 \\ \hline \end{array}$	(6) $\begin{array}{r} 3 \\ \times\ 10 \\ \hline \end{array}$
(7) $\begin{array}{r} 3 \\ \times\ 3 \\ \hline \end{array}$	(8) $\begin{array}{r} 3 \\ \times\ 6 \\ \hline \end{array}$	(9) $\begin{array}{r} 3 \\ \times\ 4 \\ \hline \end{array}$	(10) $\begin{array}{r} 3 \\ \times\ 9 \\ \hline \end{array}$	(11) $\begin{array}{r} 3 \\ \times\ 7 \\ \hline \end{array}$	(12) $\begin{array}{r} 3 \\ \times\ 5 \\ \hline \end{array}$
(13) $\begin{array}{r} 3 \\ \times\ 8 \\ \hline \end{array}$	(14) $\begin{array}{r} 3 \\ \times\ 6 \\ \hline \end{array}$	(15) $\begin{array}{r} 3 \\ \times\ 4 \\ \hline \end{array}$	(16) $\begin{array}{r} 3 \\ \times\ 10 \\ \hline \end{array}$	(17) $\begin{array}{r} 3 \\ \times\ 3 \\ \hline \end{array}$	(18) $\begin{array}{r} 3 \\ \times\ 2 \\ \hline \end{array}$

SET II   Date: _____   Start: _____   Finish: _____   Score: _____

(1) $\begin{array}{r} 3 \\ \times\ 9 \\ \hline \end{array}$	(2) $\begin{array}{r} 3 \\ \times\ 2 \\ \hline \end{array}$	(3) $\begin{array}{r} 3 \\ \times\ 6 \\ \hline \end{array}$	(4) $\begin{array}{r} 3 \\ \times\ 10 \\ \hline \end{array}$	(5) $\begin{array}{r} 3 \\ \times\ 3 \\ \hline \end{array}$	(6) $\begin{array}{r} 3 \\ \times\ 8 \\ \hline \end{array}$
(7) $\begin{array}{r} 3 \\ \times\ 7 \\ \hline \end{array}$	(8) $\begin{array}{r} 3 \\ \times\ 4 \\ \hline \end{array}$	(9) $\begin{array}{r} 3 \\ \times\ 5 \\ \hline \end{array}$	(10) $\begin{array}{r} 3 \\ \times\ 6 \\ \hline \end{array}$	(11) $\begin{array}{r} 3 \\ \times\ 3 \\ \hline \end{array}$	(12) $\begin{array}{r} 3 \\ \times\ 5 \\ \hline \end{array}$
(13) $\begin{array}{r} 3 \\ \times\ 9 \\ \hline \end{array}$	(14) $\begin{array}{r} 3 \\ \times\ 8 \\ \hline \end{array}$	(15) $\begin{array}{r} 3 \\ \times\ 10 \\ \hline \end{array}$	(16) $\begin{array}{r} 3 \\ \times\ 4 \\ \hline \end{array}$	(17) $\begin{array}{r} 3 \\ \times\ 2 \\ \hline \end{array}$	(18) $\begin{array}{r} 3 \\ \times\ 7 \\ \hline \end{array}$

SET I Date: _____ Start: _____ Finish: _____ Score: _____

1	2	3	4	5	6
3 × 1 0	3 × 3	3 × 4	3 × 6	3 × 5	3 × 7

7	8	9	10	11	12
3 × 9	3 × 8	3 × 2	3 × 8	3 × 4	3 × 3

13	14	15	16	17	18
3 × 5	3 × 9	3 × 6	3 × 1 0	3 × 2	3 × 7

SET II Date: _____ Start: _____ Finish: _____ Score: _____

1	2	3	4	5	6
3 × 1 0	3 × 8	3 × 2	3 × 9	3 × 6	3 × 7

7	8	9	10	11	12
3 × 5	3 × 4	3 × 3	3 × 3	3 × 8	3 × 1 0

13	14	15	16	17	18
3 × 5	3 × 6	3 × 7	3 × 9	3 × 4	3 × 2

SET I Date:_____ Start:_____ Finish:_____ Score:_____

(1)	(2)	(3)	(4)	(5)	(6)
4 × 8	4 × 6	4 × 10	4 × 4	4 × 5	4 × 9

(7)	(8)	(9)	(10)	(11)	(12)
4 × 2	4 × 7	4 × 3	4 × 8	4 × 2	4 × 4

(13)	(14)	(15)	(16)	(17)	(18)
4 × 9	4 × 7	4 × 5	4 × 10	4 × 3	4 × 6

SET II Date:_____ Start:_____ Finish:_____ Score:_____

(1)	(2)	(3)	(4)	(5)	(6)
4 × 3	4 × 7	4 × 10	4 × 9	4 × 2	4 × 6

(7)	(8)	(9)	(10)	(11)	(12)
4 × 5	4 × 8	4 × 4	4 × 3	4 × 2	4 × 6

(13)	(14)	(15)	(16)	(17)	(18)
4 × 7	4 × 4	4 × 5	4 × 9	4 × 10	4 × 8

SET I   Date: _____   Start: _____   Finish: _____   Score: _____

1	2	3	4	5	6
4 × 4	4 × 7	4 × 3	4 × 9	4 × 8	4 × 5

7	8	9	10	11	12
4 × 1 0	4 × 6	4 × 2	4 × 3	4 × 6	4 × 8

13	14	15	16	17	18
4 × 2	4 × 7	4 × 4	4 × 9	4 × 5	4 × 1 0

SET II   Date: _____   Start: _____   Finish: _____   Score: _____

1	2	3	4	5	6
4 × 3	4 × 9	4 × 6	4 × 8	4 × 7	4 × 1 0

7	8	9	10	11	12
4 × 4	4 × 5	4 × 2	4 × 1 0	4 × 5	4 × 8

13	14	15	16	17	18
4 × 3	4 × 9	4 × 4	4 × 2	4 × 7	4 × 6

SET I Date: _____ Start: _____ Finish: _____ Score: _____

1	2	3	4	5	6
4 × 1 0	4 × 5	4 × 7	4 × 2	4 × 9	4 × 8

7	8	9	10	11	12
4 × 6	4 × 3	4 × 4	4 × 2	4 × 1 0	4 × 9

13	14	15	16	17	18
4 × 6	4 × 5	4 × 7	4 × 4	4 × 8	4 × 3

SET II Date: _____ Start: _____ Finish: _____ Score: _____

1	2	3	4	5	6
4 × 7	4 × 5	4 × 8	4 × 1 0	4 × 3	4 × 2

7	8	9	10	11	12
4 × 4	4 × 6	4 × 9	4 × 3	4 × 8	4 × 2

13	14	15	16	17	18
4 × 1 0	4 × 6	4 × 7	4 × 4	4 × 5	4 × 9

SET I   Date: _____   Start: _____   Finish: _____   Score: _____

1	2	3	4	5	6
4 × 7	4 × 1 0	4 × 5	4 × 9	4 × 4	4 × 8

7	8	9	10	11	12
4 × 2	4 × 3	4 × 6	4 × 9	4 × 1 0	4 × 8

13	14	15	16	17	18
4 × 6	4 × 3	4 × 4	4 × 2	4 × 5	4 × 7

SET II   Date: _____   Start: _____   Finish: _____   Score: _____

1	2	3	4	5	6
4 × 1 0	4 × 3	4 × 4	4 × 7	4 × 9	4 × 6

7	8	9	10	11	12
4 × 2	4 × 5	4 × 8	4 × 2	4 × 9	4 × 8

13	14	15	16	17	18
4 × 6	4 × 3	4 × 5	4 × 1 0	4 × 7	4 × 4

SET I   Date: _____   Start: _____   Finish: _____   Score: _____

1	2	3	4	5	6
5 × 6	5 × 2	5 × 5	5 × 10	5 × 8	5 × 3

7	8	9	10	11	12
5 × 7	5 × 4	5 × 9	5 × 6	5 × 10	5 × 5

13	14	15	16	17	18
5 × 9	5 × 2	5 × 4	5 × 7	5 × 8	5 × 3

SET II   Date: _____   Start: _____   Finish: _____   Score: _____

1	2	3	4	5	6
5 × 6	5 × 2	5 × 5	5 × 9	5 × 10	5 × 4

7	8	9	10	11	12
5 × 8	5 × 7	5 × 3	5 × 2	5 × 8	5 × 9

13	14	15	16	17	18
5 × 10	5 × 3	5 × 5	5 × 4	5 × 6	5 × 7

Practice : Multiplication Table 5

SET I

Date: _____   Start: _____   Finish: _____   Score: _____

1	2	3	4	5	6
5 × 1 0	5 × 2	5 × 9	5 × 3	5 × 6	5 × 7

7	8	9	10	11	12
5 × 5	5 × 8	5 × 4	5 × 6	5 × 7	5 × 9

13	14	15	16	17	18
5 × 3	5 × 1 0	5 × 4	5 × 5	5 × 8	5 × 2

SET II

Date: _____   Start: _____   Finish: _____   Score: _____

1	2	3	4	5	6
5 × 8	5 × 5	5 × 7	5 × 6	5 × 3	5 × 2

7	8	9	10	11	12
5 × 4	5 × 9	5 × 1 0	5 × 8	5 × 9	5 × 3

13	14	15	16	17	18
5 × 1 0	5 × 7	5 × 5	5 × 6	5 × 4	5 × 2

Multiplication Facts

SET I   Date: _____   Start: _____   Finish: _____   Score: _____

1	2	3	4	5	6
5 × 9	5 × 4	5 × 3	5 × 6	5 × 5	5 × 7

7	8	9	10	11	12
5 × 10	5 × 2	5 × 8	5 × 3	5 × 4	5 × 6

13	14	15	16	17	18
5 × 2	5 × 10	5 × 7	5 × 8	5 × 5	5 × 9

SET II   Date: _____   Start: _____   Finish: _____   Score: _____

1	2	3	4	5	6
5 × 8	5 × 3	5 × 4	5 × 10	5 × 9	5 × 5

7	8	9	10	11	12
5 × 6	5 × 2	5 × 7	5 × 8	5 × 10	5 × 6

13	14	15	16	17	18
5 × 3	5 × 9	5 × 7	5 × 5	5 × 4	5 × 2

SET I Date: _____ Start: _____ Finish: _____ Score: _____

1) 5 × 4

2) 5 × 3

3) 5 × 7

4) 5 × 2

5) 5 × 8

6) 5 × 1 0

7) 5 × 6

8) 5 × 5

9) 5 × 9

10) 5 × 4

11) 5 × 6

12) 5 × 2

13) 5 × 3

14) 5 × 7

15) 5 × 8

16) 5 × 5

17) 5 × 1 0

18) 5 × 9

SET II Date: _____ Start: _____ Finish: _____ Score: _____

1) 5 × 2

2) 5 × 3

3) 5 × 8

4) 5 × 4

5) 5 × 7

6) 5 × 9

7) 5 × 1 0

8) 5 × 6

9) 5 × 5

10) 5 × 3

11) 5 × 1 0

12) 5 × 7

13) 5 × 4

14) 5 × 5

15) 5 × 8

16) 5 × 2

17) 5 × 6

18) 5 × 9

SET I Date: _____ Start: _____ Finish: _____ Score: _____

(1)	(2)	(3)	(4)	(5)	(6)
3 × 2	4 × 8	2 × 9	5 × 3	3 × 6	4 × 7

(7)	(8)	(9)	(10)	(11)	(12)
2 × 1 0	5 × 5	3 × 4	5 × 4	2 × 3	4 × 1 0

(13)	(14)	(15)	(16)	(17)	(18)
2 × 6	5 × 9	4 × 7	3 × 5	3 × 2	4 × 8

SET II Date: _____ Start: _____ Finish: _____ Score: _____

(1)	(2)	(3)	(4)	(5)	(6)
2 × 1 0	5 × 6	4 × 5	5 × 8	3 × 4	2 × 2

(7)	(8)	(9)	(10)	(11)	(12)
3 × 9	4 × 7	2 × 3	5 × 1 0	2 × 7	5 × 3

(13)	(14)	(15)	(16)	(17)	(18)
3 × 6	4 × 9	3 × 5	2 × 2	4 × 4	5 × 8

Review: Multiplication Table 2 to 5 Mixed

SET I Date: _____ Start: _____ Finish: _____ Score: _____

1.
$$\begin{array}{r} 2 \\ \times\ \ 2 \\ \hline \end{array}$$

2.
$$\begin{array}{r} 5 \\ \times\ \ 7 \\ \hline \end{array}$$

3.
$$\begin{array}{r} 4 \\ \times\ \ 8 \\ \hline \end{array}$$

4.
$$\begin{array}{r} 3 \\ \times\ \ 5 \\ \hline \end{array}$$

5.
$$\begin{array}{r} 5 \\ \times\ 1\,0 \\ \hline \end{array}$$

6.
$$\begin{array}{r} 2 \\ \times\ \ 4 \\ \hline \end{array}$$

7.
$$\begin{array}{r} 3 \\ \times\ \ 3 \\ \hline \end{array}$$

8.
$$\begin{array}{r} 4 \\ \times\ \ 6 \\ \hline \end{array}$$

9.
$$\begin{array}{r} 2 \\ \times\ \ 9 \\ \hline \end{array}$$

10.
$$\begin{array}{r} 4 \\ \times\ \ 5 \\ \hline \end{array}$$

11.
$$\begin{array}{r} 3 \\ \times\ \ 2 \\ \hline \end{array}$$

12.
$$\begin{array}{r} 5 \\ \times\ \ 7 \\ \hline \end{array}$$

13.
$$\begin{array}{r} 4 \\ \times\ 1\,0 \\ \hline \end{array}$$

14.
$$\begin{array}{r} 5 \\ \times\ \ 3 \\ \hline \end{array}$$

15.
$$\begin{array}{r} 2 \\ \times\ \ 6 \\ \hline \end{array}$$

16.
$$\begin{array}{r} 3 \\ \times\ \ 4 \\ \hline \end{array}$$

17.
$$\begin{array}{r} 5 \\ \times\ \ 9 \\ \hline \end{array}$$

18.
$$\begin{array}{r} 4 \\ \times\ \ 8 \\ \hline \end{array}$$

SET II Date: _____ Start: _____ Finish: _____ Score: _____

1.
$$\begin{array}{r} 3 \\ \times\ \ 3 \\ \hline \end{array}$$

2.
$$\begin{array}{r} 2 \\ \times\ 1\,0 \\ \hline \end{array}$$

3.
$$\begin{array}{r} 5 \\ \times\ \ 9 \\ \hline \end{array}$$

4.
$$\begin{array}{r} 2 \\ \times\ \ 5 \\ \hline \end{array}$$

5.
$$\begin{array}{r} 3 \\ \times\ \ 7 \\ \hline \end{array}$$

6.
$$\begin{array}{r} 4 \\ \times\ \ 2 \\ \hline \end{array}$$

7.
$$\begin{array}{r} 4 \\ \times\ \ 6 \\ \hline \end{array}$$

8.
$$\begin{array}{r} 5 \\ \times\ \ 8 \\ \hline \end{array}$$

9.
$$\begin{array}{r} 2 \\ \times\ \ 4 \\ \hline \end{array}$$

10.
$$\begin{array}{r} 3 \\ \times\ \ 4 \\ \hline \end{array}$$

11.
$$\begin{array}{r} 5 \\ \times\ 1\,0 \\ \hline \end{array}$$

12.
$$\begin{array}{r} 4 \\ \times\ \ 5 \\ \hline \end{array}$$

13.
$$\begin{array}{r} 2 \\ \times\ \ 2 \\ \hline \end{array}$$

14.
$$\begin{array}{r} 3 \\ \times\ \ 6 \\ \hline \end{array}$$

15.
$$\begin{array}{r} 3 \\ \times\ \ 9 \\ \hline \end{array}$$

16.
$$\begin{array}{r} 2 \\ \times\ \ 8 \\ \hline \end{array}$$

17.
$$\begin{array}{r} 4 \\ \times\ \ 3 \\ \hline \end{array}$$

18.
$$\begin{array}{r} 5 \\ \times\ \ 7 \\ \hline \end{array}$$

Multiplication Facts

SET I   Date:_____   Start:_____   Finish:_____   Score:_____

(1)	(2)	(3)	(4)	(5)	(6)
4 × 1 0	3 × 8	5 × 5	2 × 7	3 × 6	4 × 4

(7)	(8)	(9)	(10)	(11)	(12)
5 × 9	2 × 2	4 × 3	5 × 8	2 × 6	3 × 5

(13)	(14)	(15)	(16)	(17)	(18)
3 × 7	5 × 2	4 × 4	2 × 9	4 × 3	2 × 1 0

SET II   Date:_____   Start:_____   Finish:_____   Score:_____

(1)	(2)	(3)	(4)	(5)	(6)
3 × 2	5 × 9	4 × 4	3 × 6	2 × 8	5 × 1 0

(7)	(8)	(9)	(10)	(11)	(12)
4 × 7	5 × 3	3 × 5	2 × 3	5 × 2	4 × 7

(13)	(14)	(15)	(16)	(17)	(18)
3 × 8	2 × 6	2 × 4	3 × 9	5 × 1 0	4 × 5

SET I

Date: _____ Start: _____ Finish: _____ Score: _____

1	2	3	4	5	6
3 × 1 0	4 × 7	2 × 6	5 × 2	4 × 8	3 × 9

7	8	9	10	11	12
2 × 4	5 × 3	5 × 5	2 × 6	3 × 2	4 × 5

13	14	15	16	17	18
5 × 3	3 × 1 0	4 × 8	2 × 4	3 × 9	4 × 7

SET II

Date: _____ Start: _____ Finish: _____ Score: _____

1	2	3	4	5	6
5 × 1 0	2 × 4	4 × 3	3 × 6	5 × 8	2 × 9

7	8	9	10	11	12
5 × 5	2 × 2	4 × 7	3 × 3	5 × 2	2 × 1 0

13	14	15	16	17	18
3 × 8	4 × 7	4 × 9	2 × 6	3 × 4	5 × 5

SET I Date: _____ Start: _____ Finish: _____ Score: _____

(1) 6 × 5	(2) 6 × 9	(3) 6 × 7	(4) 6 × 6	(5) 6 × 3	(6) 6 × 4
(7) 6 × 2	(8) 6 × 1 0	(9) 6 × 8	(10) 6 × 1 0	(11) 6 × 3	(12) 6 × 5
(13) 6 × 2	(14) 6 × 9	(15) 6 × 4	(16) 6 × 7	(17) 6 × 8	(18) 6 × 6

SET II Date: _____ Start: _____ Finish: _____ Score: _____

(1) 6 × 8	(2) 6 × 9	(3) 6 × 7	(4) 6 × 6	(5) 6 × 1 0	(6) 6 × 3
(7) 6 × 4	(8) 6 × 5	(9) 6 × 2	(10) 6 × 7	(11) 6 × 5	(12) 6 × 4
(13) 6 × 6	(14) 6 × 3	(15) 6 × 9	(16) 6 × 1 0	(17) 6 × 8	(18) 6 × 2

SET I Date: _____ Start: _____ Finish: _____ Score: _____

(1)
```
      6
×     5
```

(2)
```
      6
×     8
```

(3)
```
      6
×     7
```

(4)
```
      6
×  1 0
```

(5)
```
      6
×     9
```

(6)
```
      6
×     2
```

(7)
```
      6
×     6
```

(8)
```
      6
×     3
```

(9)
```
      6
×     4
```

(10)
```
      6
×     8
```

(11)
```
      6
×     7
```

(12)
```
      6
×     6
```

(13)
```
      6
×     9
```

(14)
```
      6
×     4
```

(15)
```
      6
×  1 0
```

(16)
```
      6
×     2
```

(17)
```
      6
×     5
```

(18)
```
      6
×     3
```

SET II Date: _____ Start: _____ Finish: _____ Score: _____

(1)
```
      6
×     4
```

(2)
```
      6
×     8
```

(3)
```
      6
×     9
```

(4)
```
      6
×     7
```

(5)
```
      6
×     6
```

(6)
```
      6
×     5
```

(7)
```
      6
×     3
```

(8)
```
      6
×  1 0
```

(9)
```
      6
×     2
```

(10)
```
      6
×     7
```

(11)
```
      6
×     4
```

(12)
```
      6
×     2
```

(13)
```
      6
×     9
```

(14)
```
      6
×  1 0
```

(15)
```
      6
×     6
```

(16)
```
      6
×     3
```

(17)
```
      6
×     5
```

(18)
```
      6
×     8
```

SET I Date: _____ Start: _____ Finish: _____ Score: _____

1. 6 × 3
2. 6 × 1 0
3. 6 × 9
4. 6 × 8
5. 6 × 2
6. 6 × 7
7. 6 × 5
8. 6 × 4
9. 6 × 6
10. 6 × 7
11. 6 × 6
12. 6 × 8
13. 6 × 5
14. 6 × 2
15. 6 × 4
16. 6 × 1 0
17. 6 × 9
18. 6 × 3

SET II Date: _____ Start: _____ Finish: _____ Score: _____

1. 6 × 2
2. 6 × 3
3. 6 × 5
4. 6 × 1 0
5. 6 × 9
6. 6 × 7
7. 6 × 6
8. 6 × 4
9. 6 × 8
10. 6 × 6
11. 6 × 7
12. 6 × 2
13. 6 × 9
14. 6 × 4
15. 6 × 8
16. 6 × 3
17. 6 × 1 0
18. 6 × 5

SET I Date: _____ Start: _____ Finish: _____ Score: _____

1
6
× 1 0

2
6
× 4

3
6
× 5

4
6
× 2

5
6
× 9

6
6
× 6

7
6
× 8

8
6
× 7

9
6
× 3

10
6
× 1 0

11
6
× 4

12
6
× 3

13
6
× 2

14
6
× 5

15
6
× 9

16
6
× 7

17
6
× 6

18
6
× 8

SET II Date: _____ Start: _____ Finish: _____ Score: _____

1
6
× 5

2
6
× 1 0

3
6
× 7

4
6
× 3

5
6
× 8

6
6
× 9

7
6
× 2

8
6
× 4

9
6
× 6

10
6
× 3

11
6
× 7

12
6
× 5

13
6
× 1 0

14
6
× 6

15
6
× 8

16
6
× 9

17
6
× 4

18
6
× 2

SET I   Date: _____   Start: _____   Finish: _____   Score: _____

①
$$\begin{array}{r} 7 \\ \times\ 7 \\ \hline \end{array}$$

②
$$\begin{array}{r} 7 \\ \times\ 1\ 0 \\ \hline \end{array}$$

③
$$\begin{array}{r} 7 \\ \times\ 3 \\ \hline \end{array}$$

④
$$\begin{array}{r} 7 \\ \times\ 4 \\ \hline \end{array}$$

⑤
$$\begin{array}{r} 7 \\ \times\ 2 \\ \hline \end{array}$$

⑥
$$\begin{array}{r} 7 \\ \times\ 6 \\ \hline \end{array}$$

⑦
$$\begin{array}{r} 7 \\ \times\ 5 \\ \hline \end{array}$$

⑧
$$\begin{array}{r} 7 \\ \times\ 8 \\ \hline \end{array}$$

⑨
$$\begin{array}{r} 7 \\ \times\ 9 \\ \hline \end{array}$$

⑩
$$\begin{array}{r} 7 \\ \times\ 7 \\ \hline \end{array}$$

⑪
$$\begin{array}{r} 7 \\ \times\ 6 \\ \hline \end{array}$$

⑫
$$\begin{array}{r} 7 \\ \times\ 3 \\ \hline \end{array}$$

⑬
$$\begin{array}{r} 7 \\ \times\ 2 \\ \hline \end{array}$$

⑭
$$\begin{array}{r} 7 \\ \times\ 9 \\ \hline \end{array}$$

⑮
$$\begin{array}{r} 7 \\ \times\ 8 \\ \hline \end{array}$$

⑯
$$\begin{array}{r} 7 \\ \times\ 4 \\ \hline \end{array}$$

⑰
$$\begin{array}{r} 7 \\ \times\ 1\ 0 \\ \hline \end{array}$$

⑱
$$\begin{array}{r} 7 \\ \times\ 5 \\ \hline \end{array}$$

SET II   Date: _____   Start: _____   Finish: _____   Score: _____

①
$$\begin{array}{r} 7 \\ \times\ 7 \\ \hline \end{array}$$

②
$$\begin{array}{r} 7 \\ \times\ 8 \\ \hline \end{array}$$

③
$$\begin{array}{r} 7 \\ \times\ 5 \\ \hline \end{array}$$

④
$$\begin{array}{r} 7 \\ \times\ 3 \\ \hline \end{array}$$

⑤
$$\begin{array}{r} 7 \\ \times\ 6 \\ \hline \end{array}$$

⑥
$$\begin{array}{r} 7 \\ \times\ 9 \\ \hline \end{array}$$

⑦
$$\begin{array}{r} 7 \\ \times\ 2 \\ \hline \end{array}$$

⑧
$$\begin{array}{r} 7 \\ \times\ 1\ 0 \\ \hline \end{array}$$

⑨
$$\begin{array}{r} 7 \\ \times\ 4 \\ \hline \end{array}$$

⑩
$$\begin{array}{r} 7 \\ \times\ 4 \\ \hline \end{array}$$

⑪
$$\begin{array}{r} 7 \\ \times\ 5 \\ \hline \end{array}$$

⑫
$$\begin{array}{r} 7 \\ \times\ 3 \\ \hline \end{array}$$

⑬
$$\begin{array}{r} 7 \\ \times\ 7 \\ \hline \end{array}$$

⑭
$$\begin{array}{r} 7 \\ \times\ 6 \\ \hline \end{array}$$

⑮
$$\begin{array}{r} 7 \\ \times\ 2 \\ \hline \end{array}$$

⑯
$$\begin{array}{r} 7 \\ \times\ 9 \\ \hline \end{array}$$

⑰
$$\begin{array}{r} 7 \\ \times\ 1\ 0 \\ \hline \end{array}$$

⑱
$$\begin{array}{r} 7 \\ \times\ 8 \\ \hline \end{array}$$

SET I   Date: _____   Start: _____   Finish: _____   Score: _____

1	2	3	4	5	6
7 × 8	7 × 4	7 × 3	7 × 7	7 × 6	7 × 2

7	8	9	10	11	12
7 × 5	7 × 9	7 × 10	7 × 7	7 × 9	7 × 3

13	14	15	16	17	18
7 × 6	7 × 2	7 × 10	7 × 8	7 × 4	7 × 5

SET II   Date: _____   Start: _____   Finish: _____   Score: _____

1	2	3	4	5	6
7 × 10	7 × 7	7 × 9	7 × 8	7 × 5	7 × 4

7	8	9	10	11	12
7 × 3	7 × 6	7 × 2	7 × 10	7 × 9	7 × 8

13	14	15	16	17	18
7 × 6	7 × 3	7 × 4	7 × 7	7 × 5	7 × 2

SET I   Date: _____   Start: _____   Finish: _____   Score: _____

1	2	3	4	5	6
7 × 6	7 × 7	7 × 1 0	7 × 9	7 × 4	7 × 8

7	8	9	10	11	12
7 × 3	7 × 5	7 × 2	7 × 9	7 × 4	7 × 6

13	14	15	16	17	18
7 × 5	7 × 7	7 × 8	7 × 1 0	7 × 3	7 × 2

SET II   Date: _____   Start: _____   Finish: _____   Score: _____

1	2	3	4	5	6
7 × 6	7 × 1 0	7 × 5	7 × 3	7 × 2	7 × 9

7	8	9	10	11	12
7 × 4	7 × 7	7 × 8	7 × 6	7 × 8	7 × 2

13	14	15	16	17	18
7 × 4	7 × 5	7 × 7	7 × 3	7 × 1 0	7 × 9

SET I   Date: _____   Start: _____   Finish: _____   Score: _____

1	2	3	4	5	6
7 × 3	7 × 7	7 × 6	7 × 4	7 × 2	7 × 8

7	8	9	10	11	12
7 × 9	7 × 5	7 × 10	7 × 5	7 × 4	7 × 2

13	14	15	16	17	18
7 × 9	7 × 3	7 × 6	7 × 8	7 × 10	7 × 7

SET II   Date: _____   Start: _____   Finish: _____   Score: _____

1	2	3	4	5	6
7 × 6	7 × 8	7 × 9	7 × 2	7 × 3	7 × 4

7	8	9	10	11	12
7 × 10	7 × 5	7 × 7	7 × 8	7 × 6	7 × 2

13	14	15	16	17	18
7 × 10	7 × 5	7 × 9	7 × 4	7 × 3	7 × 7

SET I   Date: _____   Start: _____   Finish: _____   Score: _____

1	2	3	4	5	6
8 × 9	8 × 8	8 × 10	8 × 3	8 × 7	8 × 6

7	8	9	10	11	12
8 × 5	8 × 4	8 × 2	8 × 7	8 × 4	8 × 3

13	14	15	16	17	18
8 × 8	8 × 6	8 × 9	8 × 5	8 × 10	8 × 2

SET II   Date: _____   Start: _____   Finish: _____   Score: _____

1	2	3	4	5	6
8 × 6	8 × 3	8 × 4	8 × 2	8 × 8	8 × 7

7	8	9	10	11	12
8 × 9	8 × 5	8 × 10	8 × 7	8 × 3	8 × 10

13	14	15	16	17	18
8 × 2	8 × 8	8 × 9	8 × 4	8 × 6	8 × 5

SET I Date: _____ Start: _____ Finish: _____ Score: _____

1) 8 × 7
2) 8 × 6
3) 8 × 8
4) 8 × 5
5) 8 × 9
6) 8 × 2

7) 8 × 3
8) 8 × 10
9) 8 × 4
10) 8 × 4
11) 8 × 8
12) 8 × 6

13) 8 × 7
14) 8 × 3
15) 8 × 5
16) 8 × 2
17) 8 × 9
18) 8 × 10

SET II Date: _____ Start: _____ Finish: _____ Score: _____

1) 8 × 2
2) 8 × 3
3) 8 × 5
4) 8 × 6
5) 8 × 7
6) 8 × 9

7) 8 × 4
8) 8 × 8
9) 8 × 10
10) 8 × 5
11) 8 × 4
12) 8 × 10

13) 8 × 9
14) 8 × 2
15) 8 × 6
16) 8 × 7
17) 8 × 8
18) 8 × 3

SET I

Date: _____ Start: _____ Finish: _____ Score: _____

1	2	3	4	5	6
8 × 9	8 × 4	8 × 6	8 × 7	8 × 3	8 × 5

7	8	9	10	11	12
8 × 2	8 × 10	8 × 8	8 × 4	8 × 8	8 × 5

13	14	15	16	17	18
8 × 10	8 × 9	8 × 6	8 × 3	8 × 2	8 × 7

SET II

Date: _____ Start: _____ Finish: _____ Score: _____

1	2	3	4	5	6
8 × 5	8 × 3	8 × 10	8 × 4	8 × 2	8 × 8

7	8	9	10	11	12
8 × 6	8 × 9	8 × 7	8 × 7	8 × 6	8 × 3

13	14	15	16	17	18
8 × 5	8 × 9	8 × 8	8 × 2	8 × 10	8 × 4

SET I   Date: _____   Start: _____   Finish: _____   Score: _____

#			#			#		

1. 8 × 3
2. 8 × 5
3. 8 × 7
4. 8 × 9
5. 8 × 8
6. 8 × 6
7. 8 × 2
8. 8 × 4
9. 8 × 10
10. 8 × 9
11. 8 × 5
12. 8 × 6
13. 8 × 8
14. 8 × 2
15. 8 × 10
16. 8 × 4
17. 8 × 7
18. 8 × 3

SET II   Date: _____   Start: _____   Finish: _____   Score: _____

1. 8 × 8
2. 8 × 2
3. 8 × 3
4. 8 × 7
5. 8 × 10
6. 8 × 5
7. 8 × 4
8. 8 × 6
9. 8 × 9
10. 8 × 10
11. 8 × 5
12. 8 × 2
13. 8 × 8
14. 8 × 7
15. 8 × 9
16. 8 × 6
17. 8 × 4
18. 8 × 3

SET I   Date: _____   Start: _____   Finish: _____   Score: _____

(1)	(2)	(3)	(4)	(5)	(6)
9 × 5	9 × 1 0	9 × 8	9 × 4	9 × 3	9 × 2

(7)	(8)	(9)	(10)	(11)	(12)
9 × 6	9 × 7	9 × 9	9 × 3	9 × 8	9 × 6

(13)	(14)	(15)	(16)	(17)	(18)
9 × 7	9 × 1 0	9 × 4	9 × 2	9 × 9	9 × 5

SET II   Date: _____   Start: _____   Finish: _____   Score: _____

(1)	(2)	(3)	(4)	(5)	(6)
9 × 2	9 × 4	9 × 8	9 × 6	9 × 1 0	9 × 5

(7)	(8)	(9)	(10)	(11)	(12)
9 × 9	9 × 3	9 × 7	9 × 5	9 × 4	9 × 9

(13)	(14)	(15)	(16)	(17)	(18)
9 × 7	9 × 1 0	9 × 6	9 × 8	9 × 2	9 × 3

SET I Date: _____ Start: _____ Finish: _____ Score: _____

1
$$9 \times 6$$

2
$$9 \times 2$$

3
$$9 \times 7$$

4
$$9 \times 5$$

5
$$9 \times 3$$

6
$$9 \times 9$$

7
$$9 \times 8$$

8
$$9 \times 10$$

9
$$9 \times 4$$

10
$$9 \times 3$$

11
$$9 \times 8$$

12
$$9 \times 2$$

13
$$9 \times 4$$

14
$$9 \times 7$$

15
$$9 \times 9$$

16
$$9 \times 10$$

17
$$9 \times 6$$

18
$$9 \times 5$$

SET II Date: _____ Start: _____ Finish: _____ Score: _____

1
$$9 \times 4$$

2
$$9 \times 3$$

3
$$9 \times 9$$

4
$$9 \times 10$$

5
$$9 \times 5$$

6
$$9 \times 7$$

7
$$9 \times 6$$

8
$$9 \times 2$$

9
$$9 \times 8$$

10
$$9 \times 9$$

11
$$9 \times 5$$

12
$$9 \times 8$$

13
$$9 \times 6$$

14
$$9 \times 3$$

15
$$9 \times 10$$

16
$$9 \times 4$$

17
$$9 \times 7$$

18
$$9 \times 2$$

SET I Date: _____ Start: _____ Finish: _____ Score: _____

1	2	3	4	5	6
9 × 8	9 × 10	9 × 6	9 × 4	9 × 9	9 × 2

7	8	9	10	11	12
9 × 3	9 × 7	9 × 5	9 × 6	9 × 4	9 × 7

13	14	15	16	17	18
9 × 2	9 × 9	9 × 5	9 × 3	9 × 8	9 × 10

SET II Date: _____ Start: _____ Finish: _____ Score: _____

1	2	3	4	5	6
9 × 5	9 × 9	9 × 3	9 × 6	9 × 7	9 × 8

7	8	9	10	11	12
9 × 2	9 × 10	9 × 4	9 × 5	9 × 7	9 × 4

13	14	15	16	17	18
9 × 10	9 × 3	9 × 8	9 × 9	9 × 6	9 × 2

SET I Date: _____ Start: _____ Finish: _____ Score: _____

1	**2**	**3**	**4**	**5**	**6**
9 × 10	9 × 9	9 × 5	9 × 6	9 × 2	9 × 8
7	**8**	**9**	**10**	**11**	**12**
9 × 7	9 × 4	9 × 3	9 × 8	9 × 6	9 × 2
13	**14**	**15**	**16**	**17**	**18**
9 × 10	9 × 9	9 × 5	9 × 4	9 × 7	9 × 3

SET II Date: _____ Start: _____ Finish: _____ Score: _____

1	**2**	**3**	**4**	**5**	**6**
9 × 2	9 × 7	9 × 9	9 × 3	9 × 10	9 × 4
7	**8**	**9**	**10**	**11**	**12**
9 × 8	9 × 6	9 × 5	9 × 10	9 × 3	9 × 9
13	**14**	**15**	**16**	**17**	**18**
9 × 2	9 × 4	9 × 6	9 × 7	9 × 5	9 × 8

SET I Date: _____ Start: _____ Finish: _____ Score: _____

1	2	3	4	5	6
1 0 × 9	1 0 × 5	1 0 × 7	1 0 × 2	1 0 × 8	1 0 × 6

7	8	9	10	11	12
1 0 × 4	1 0 × 1 0	1 0 × 3	1 0 × 1 0	1 0 × 3	1 0 × 2

13	14	15	16	17	18
1 0 × 6	1 0 × 7	1 0 × 9	1 0 × 5	1 0 × 8	1 0 × 4

SET II Date: _____ Start: _____ Finish: _____ Score: _____

1	2	3	4	5	6
1 0 × 4	1 0 × 5	1 0 × 7	1 0 × 9	1 0 × 2	1 0 × 3

7	8	9	10	11	12
1 0 × 1 0	1 0 × 8	1 0 × 6	1 0 × 1 0	1 0 × 7	1 0 × 2

13	14	15	16	17	18
1 0 × 8	1 0 × 9	1 0 × 4	1 0 × 6	1 0 × 5	1 0 × 3

SET I   Date: _____   Start: _____   Finish: _____   Score: _____

① 1 0 × 2	② 1 0 × 7	③ 1 0 × 8	④ 1 0 × 6	⑤ 1 0 × 3	⑥ 1 0 × 4
⑦ 1 0 × 5	⑧ 1 0 × 1 0	⑨ 1 0 × 9	⑩ 1 0 × 1 0	⑪ 1 0 × 4	⑫ 1 0 × 6
⑬ 1 0 × 8	⑭ 1 0 × 5	⑮ 1 0 × 9	⑯ 1 0 × 2	⑰ 1 0 × 7	⑱ 1 0 × 3

SET II   Date: _____   Start: _____   Finish: _____   Score: _____

① 1 0 × 6	② 1 0 × 4	③ 1 0 × 2	④ 1 0 × 1 0	⑤ 1 0 × 7	⑥ 1 0 × 8
⑦ 1 0 × 9	⑧ 1 0 × 5	⑨ 1 0 × 3	⑩ 1 0 × 1 0	⑪ 1 0 × 4	⑫ 1 0 × 3
⑬ 1 0 × 8	⑭ 1 0 × 2	⑮ 1 0 × 6	⑯ 1 0 × 5	⑰ 1 0 × 7	⑱ 1 0 × 9

Multiplication Facts

SET I Date: _____ Start: _____ Finish: _____ Score: _____

1	2	3	4	5	6
1 0 × 4	1 0 × 7	1 0 × 6	1 0 × 8	1 0 × 2	1 0 × 9

7	8	9	10	11	12
1 0 × 5	1 0 × 3	1 0 × 1 0	1 0 × 4	1 0 × 3	1 0 × 9

13	14	15	16	17	18
1 0 × 1 0	1 0 × 7	1 0 × 6	1 0 × 5	1 0 × 8	1 0 × 2

SET II Date: _____ Start: _____ Finish: _____ Score: _____

1	2	3	4	5	6
1 0 × 6	1 0 × 1 0	1 0 × 4	1 0 × 8	1 0 × 5	1 0 × 2

7	8	9	10	11	12
1 0 × 3	1 0 × 7	1 0 × 9	1 0 × 3	1 0 × 8	1 0 × 9

13	14	15	16	17	18
1 0 × 1 0	1 0 × 7	1 0 × 5	1 0 × 6	1 0 × 4	1 0 × 2

SET I Date: _____ Start: _____ Finish: _____ Score: _____

1	2	3	4	5	6
1 0 × 7	1 0 × 3	1 0 × 2	1 0 × 4	1 0 × 9	1 0 × 8

7	8	9	10	11	12
1 0 × 1 0	1 0 × 5	1 0 × 6	1 0 × 5	1 0 × 1 0	1 0 × 6

13	14	15	16	17	18
1 0 × 8	1 0 × 7	1 0 × 9	1 0 × 2	1 0 × 3	1 0 × 4

SET II Date: _____ Start: _____ Finish: _____ Score: _____

1	2	3	4	5	6
1 0 × 6	1 0 × 8	1 0 × 9	1 0 × 7	1 0 × 5	1 0 × 1 0

7	8	9	10	11	12
1 0 × 3	1 0 × 4	1 0 × 2	1 0 × 6	1 0 × 3	1 0 × 1 0

13	14	15	16	17	18
1 0 × 9	1 0 × 5	1 0 × 4	1 0 × 2	1 0 × 8	1 0 × 7

SET I   Date: _____   Start: _____   Finish: _____   Score: _____

1	2	3	4	5	6
7 × 9	6 × 5	1 0 × 4	9 × 7	8 × 6	1 0 × 2

7	8	9	10	11	12
8 × 8	7 × 1 0	6 × 3	9 × 6	6 × 8	9 × 9

13	14	15	16	17	18
7 × 2	8 × 5	1 0 × 4	7 × 3	1 0 × 1 0	9 × 7

SET II   Date: _____   Start: _____   Finish: _____   Score: _____

1	2	3	4	5	6
6 × 8	8 × 7	1 0 × 1 0	6 × 3	7 × 9	8 × 4

7	8	9	10	11	12
9 × 2	1 0 × 6	6 × 5	8 × 5	7 × 8	9 × 9

13	14	15	16	17	18
6 × 3	8 × 2	1 0 × 1 0	9 × 7	7 × 6	9 × 4

SET I Date: _____ Start: _____ Finish: _____ Score: _____

1	2	3	4	5	6
9 × 8	8 × 3	7 × 7	1 0 × 9	6 × 5	7 × 2

7	8	9	10	11	12
6 × 1 0	8 × 4	1 0 × 6	9 × 4	6 × 5	1 0 × 6

13	14	15	16	17	18
7 × 2	8 × 9	9 × 1 0	9 × 7	7 × 8	6 × 3

SET II Date: _____ Start: _____ Finish: _____ Score: _____

1	2	3	4	5	6
8 × 8	1 0 × 3	9 × 5	6 × 6	1 0 × 2	7 × 1 0

7	8	9	10	11	12
8 × 9	9 × 4	7 × 7	6 × 2	8 × 6	1 0 × 7

13	14	15	16	17	18
8 × 3	1 0 × 4	6 × 9	7 × 8	9 × 1 0	1 0 × 5

SET I   Date: _____   Start: _____   Finish: _____   Score: _____

(1) $\begin{array}{r} 8 \\ \times\ 5 \\ \hline \end{array}$	(2) $\begin{array}{r} 9 \\ \times\ 4 \\ \hline \end{array}$	(3) $\begin{array}{r} 1\ 0 \\ \times\ 1\ 0 \\ \hline \end{array}$	(4) $\begin{array}{r} 7 \\ \times\ 8 \\ \hline \end{array}$	(5) $\begin{array}{r} 6 \\ \times\ 9 \\ \hline \end{array}$	(6) $\begin{array}{r} 8 \\ \times\ 3 \\ \hline \end{array}$
(7) $\begin{array}{r} 9 \\ \times\ 7 \\ \hline \end{array}$	(8) $\begin{array}{r} 1\ 0 \\ \times\ 6 \\ \hline \end{array}$	(9) $\begin{array}{r} 7 \\ \times\ 2 \\ \hline \end{array}$	(10) $\begin{array}{r} 6 \\ \times\ 8 \\ \hline \end{array}$	(11) $\begin{array}{r} 8 \\ \times\ 1\ 0 \\ \hline \end{array}$	(12) $\begin{array}{r} 1\ 0 \\ \times\ 7 \\ \hline \end{array}$
(13) $\begin{array}{r} 7 \\ \times\ 5 \\ \hline \end{array}$	(14) $\begin{array}{r} 9 \\ \times\ 9 \\ \hline \end{array}$	(15) $\begin{array}{r} 6 \\ \times\ 3 \\ \hline \end{array}$	(16) $\begin{array}{r} 9 \\ \times\ 2 \\ \hline \end{array}$	(17) $\begin{array}{r} 1\ 0 \\ \times\ 6 \\ \hline \end{array}$	(18) $\begin{array}{r} 8 \\ \times\ 4 \\ \hline \end{array}$

SET II   Date: _____   Start: _____   Finish: _____   Score: _____

(1) $\begin{array}{r} 7 \\ \times\ 7 \\ \hline \end{array}$	(2) $\begin{array}{r} 6 \\ \times\ 4 \\ \hline \end{array}$	(3) $\begin{array}{r} 6 \\ \times\ 9 \\ \hline \end{array}$	(4) $\begin{array}{r} 1\ 0 \\ \times\ 2 \\ \hline \end{array}$	(5) $\begin{array}{r} 8 \\ \times\ 3 \\ \hline \end{array}$	(6) $\begin{array}{r} 7 \\ \times\ 6 \\ \hline \end{array}$
(7) $\begin{array}{r} 9 \\ \times\ 5 \\ \hline \end{array}$	(8) $\begin{array}{r} 6 \\ \times\ 1\ 0 \\ \hline \end{array}$	(9) $\begin{array}{r} 8 \\ \times\ 8 \\ \hline \end{array}$	(10) $\begin{array}{r} 1\ 0 \\ \times\ 9 \\ \hline \end{array}$	(11) $\begin{array}{r} 9 \\ \times\ 1\ 0 \\ \hline \end{array}$	(12) $\begin{array}{r} 7 \\ \times\ 6 \\ \hline \end{array}$
(13) $\begin{array}{r} 6 \\ \times\ 7 \\ \hline \end{array}$	(14) $\begin{array}{r} 1\ 0 \\ \times\ 4 \\ \hline \end{array}$	(15) $\begin{array}{r} 8 \\ \times\ 2 \\ \hline \end{array}$	(16) $\begin{array}{r} 7 \\ \times\ 8 \\ \hline \end{array}$	(17) $\begin{array}{r} 9 \\ \times\ 5 \\ \hline \end{array}$	(18) $\begin{array}{r} 7 \\ \times\ 3 \\ \hline \end{array}$

SET I   Date: _____   Start: _____   Finish: _____   Score: _____

(1)	(2)	(3)	(4)	(5)	(6)
9 × 6	8 × 5	6 × 10	7 × 7	10 × 9	6 × 3

(7)	(8)	(9)	(10)	(11)	(12)
8 × 8	7 × 4	9 × 2	10 × 2	10 × 8	6 × 9

(13)	(14)	(15)	(16)	(17)	(18)
9 × 5	8 × 7	7 × 10	9 × 3	6 × 4	7 × 6

SET II   Date: _____   Start: _____   Finish: _____   Score: _____

(1)	(2)	(3)	(4)	(5)	(6)
10 × 7	8 × 4	7 × 3	10 × 10	6 × 5	9 × 8

(7)	(8)	(9)	(10)	(11)	(12)
8 × 6	8 × 2	10 × 9	6 × 5	9 × 2	7 × 3

(13)	(14)	(15)	(16)	(17)	(18)
8 × 6	9 × 9	6 × 10	10 × 8	7 × 7	9 × 4

SET I   Date: _____   Start: _____   Finish: _____   Score: _____

(1)
```
  1 1
×   7
─────
```

(2)
```
  1 1
×   2
─────
```

(3)
```
  1 1
× 1 0
─────
```

(4)
```
  1 1
×   4
─────
```

(5)
```
  1 1
×   5
─────
```

(6)
```
  1 1
×   8
─────
```

(7)
```
  1 1
×   6
─────
```

(8)
```
  1 1
×   3
─────
```

(9)
```
  1 1
×   9
─────
```

(10)
```
  1 1
×   6
─────
```

(11)
```
  1 1
× 1 0
─────
```

(12)
```
  1 1
×   2
─────
```

(13)
```
  1 1
×   8
─────
```

(14)
```
  1 1
×   7
─────
```

(15)
```
  1 1
×   3
─────
```

(16)
```
  1 1
×   4
─────
```

(17)
```
  1 1
×   5
─────
```

(18)
```
  1 1
×   9
─────
```

SET II   Date: _____   Start: _____   Finish: _____   Score: _____

(1)
```
  1 1
×   8
─────
```

(2)
```
  1 1
×   2
─────
```

(3)
```
  1 1
×   9
─────
```

(4)
```
  1 1
×   5
─────
```

(5)
```
  1 1
×   4
─────
```

(6)
```
  1 1
× 1 0
─────
```

(7)
```
  1 1
×   3
─────
```

(8)
```
  1 1
×   7
─────
```

(9)
```
  1 1
×   6
─────
```

(10)
```
  1 1
×   4
─────
```

(11)
```
  1 1
×   9
─────
```

(12)
```
  1 1
× 1 0
─────
```

(13)
```
  1 1
×   2
─────
```

(14)
```
  1 1
×   8
─────
```

(15)
```
  1 1
×   6
─────
```

(16)
```
  1 1
×   3
─────
```

(17)
```
  1 1
×   5
─────
```

(18)
```
  1 1
×   7
─────
```

SET I Date: _____ Start: _____ Finish: _____ Score: _____

(1) 1 1 × 2	(2) 1 1 × 8	(3) 1 1 × 5	(4) 1 1 × 7	(5) 1 1 × 1 0	(6) 1 1 × 9
(7) 1 1 × 4	(8) 1 1 × 6	(9) 1 1 × 3	(10) 1 1 × 8	(11) 1 1 × 9	(12) 1 1 × 1 0
(13) 1 1 × 5	(14) 1 1 × 2	(15) 1 1 × 7	(16) 1 1 × 4	(17) 1 1 × 3	(18) 1 1 × 6

SET II Date: _____ Start: _____ Finish: _____ Score: _____

(1) 1 1 × 8	(2) 1 1 × 9	(3) 1 1 × 4	(4) 1 1 × 1 0	(5) 1 1 × 7	(6) 1 1 × 3
(7) 1 1 × 2	(8) 1 1 × 5	(9) 1 1 × 6	(10) 1 1 × 4	(11) 1 1 × 7	(12) 1 1 × 8
(13) 1 1 × 3	(14) 1 1 × 9	(15) 1 1 × 2	(16) 1 1 × 5	(17) 1 1 × 1 0	(18) 1 1 × 6

SET I Date: _____ Start: _____ Finish: _____ Score: _____

1	2	3	4	5	6
1 1 × 5	1 1 × 9	1 1 × 4	1 1 × 2	1 1 × 6	1 1 × 1 0

7	8	9	10	11	12
1 1 × 7	1 1 × 3	1 1 × 8	1 1 × 2	1 1 × 3	1 1 × 9

13	14	15	16	17	18
1 1 × 5	1 1 × 6	1 1 × 8	1 1 × 4	1 1 × 7	1 1 × 1 0

SET II Date: _____ Start: _____ Finish: _____ Score: _____

1	2	3	4	5	6
1 1 × 6	1 1 × 3	1 1 × 5	1 1 × 8	1 1 × 1 0	1 1 × 7

7	8	9	10	11	12
1 1 × 9	1 1 × 2	1 1 × 4	1 1 × 7	1 1 × 9	1 1 × 1 0

13	14	15	16	17	18
1 1 × 4	1 1 × 6	1 1 × 2	1 1 × 5	1 1 × 3	1 1 × 8

SET I Date: _____ Start: _____ Finish: _____ Score: _____

1)
```
  1 1
× 1 0
```

2)
```
  1 1
×   2
```

3)
```
  1 1
×   5
```

4)
```
  1 1
×   9
```

5)
```
  1 1
×   3
```

6)
```
  1 1
×   4
```

7)
```
  1 1
×   6
```

8)
```
  1 1
×   7
```

9)
```
  1 1
×   8
```

10)
```
  1 1
×   5
```

11)
```
  1 1
×   9
```

12)
```
  1 1
× 1 0
```

13)
```
  1 1
×   6
```

14)
```
  1 1
×   2
```

15)
```
  1 1
×   8
```

16)
```
  1 1
×   4
```

17)
```
  1 1
×   7
```

18)
```
  1 1
×   3
```

SET II Date: _____ Start: _____ Finish: _____ Score: _____

1)
```
  1 1
×   2
```

2)
```
  1 1
×   7
```

3)
```
  1 1
×   5
```

4)
```
  1 1
×   3
```

5)
```
  1 1
×   4
```

6)
```
  1 1
×   6
```

7)
```
  1 1
×   8
```

8)
```
  1 1
× 1 0
```

9)
```
  1 1
×   9
```

10)
```
  1 1
×   7
```

11)
```
  1 1
×   6
```

12)
```
  1 1
×   8
```

13)
```
  1 1
×   4
```

14)
```
  1 1
× 1 0
```

15)
```
  1 1
×   5
```

16)
```
  1 1
×   9
```

17)
```
  1 1
×   2
```

18)
```
  1 1
×   3
```

SET I   Date: _____   Start: _____   Finish: _____   Score: _____

1	2	3	4	5	6
1 2 × 2	1 2 × 5	1 2 × 7	1 2 × 6	1 2 × 1 0	1 2 × 9

7	8	9	10	11	12
1 2 × 8	1 2 × 4	1 2 × 3	1 2 × 3	1 2 × 7	1 2 × 1 0

13	14	15	16	17	18
1 2 × 2	1 2 × 4	1 2 × 6	1 2 × 8	1 2 × 9	1 2 × 5

SET II   Date: _____   Start: _____   Finish: _____   Score: _____

1	2	3	4	5	6
1 2 × 7	1 2 × 9	1 2 × 2	1 2 × 6	1 2 × 5	1 2 × 3

7	8	9	10	11	12
1 2 × 8	1 2 × 4	1 2 × 1 0	1 2 × 7	1 2 × 5	1 2 × 8

13	14	15	16	17	18
1 2 × 6	1 2 × 4	1 2 × 9	1 2 × 3	1 2 × 2	1 2 × 1 0

SET I Date: _____ Start: _____ Finish: _____ Score: _____

(1) $\begin{array}{r}12\\\times\quad9\\\hline\end{array}$	(2) $\begin{array}{r}12\\\times\quad8\\\hline\end{array}$	(3) $\begin{array}{r}12\\\times\quad2\\\hline\end{array}$	(4) $\begin{array}{r}12\\\times\quad7\\\hline\end{array}$	(5) $\begin{array}{r}12\\\times\quad3\\\hline\end{array}$	(6) $\begin{array}{r}12\\\times\ 10\\\hline\end{array}$
(7) $\begin{array}{r}12\\\times\quad5\\\hline\end{array}$	(8) $\begin{array}{r}12\\\times\quad4\\\hline\end{array}$	(9) $\begin{array}{r}12\\\times\quad6\\\hline\end{array}$	(10) $\begin{array}{r}12\\\times\quad2\\\hline\end{array}$	(11) $\begin{array}{r}12\\\times\quad6\\\hline\end{array}$	(12) $\begin{array}{r}12\\\times\quad5\\\hline\end{array}$
(13) $\begin{array}{r}12\\\times\ 10\\\hline\end{array}$	(14) $\begin{array}{r}12\\\times\quad8\\\hline\end{array}$	(15) $\begin{array}{r}12\\\times\quad4\\\hline\end{array}$	(16) $\begin{array}{r}12\\\times\quad9\\\hline\end{array}$	(17) $\begin{array}{r}12\\\times\quad7\\\hline\end{array}$	(18) $\begin{array}{r}12\\\times\quad3\\\hline\end{array}$

SET II Date: _____ Start: _____ Finish: _____ Score: _____

(1) $\begin{array}{r}12\\\times\quad7\\\hline\end{array}$	(2) $\begin{array}{r}12\\\times\quad9\\\hline\end{array}$	(3) $\begin{array}{r}12\\\times\ 10\\\hline\end{array}$	(4) $\begin{array}{r}12\\\times\quad2\\\hline\end{array}$	(5) $\begin{array}{r}12\\\times\quad6\\\hline\end{array}$	(6) $\begin{array}{r}12\\\times\quad5\\\hline\end{array}$
(7) $\begin{array}{r}12\\\times\quad3\\\hline\end{array}$	(8) $\begin{array}{r}12\\\times\quad8\\\hline\end{array}$	(9) $\begin{array}{r}12\\\times\quad4\\\hline\end{array}$	(10) $\begin{array}{r}12\\\times\quad7\\\hline\end{array}$	(11) $\begin{array}{r}12\\\times\quad9\\\hline\end{array}$	(12) $\begin{array}{r}12\\\times\ 10\\\hline\end{array}$
(13) $\begin{array}{r}12\\\times\quad4\\\hline\end{array}$	(14) $\begin{array}{r}12\\\times\quad5\\\hline\end{array}$	(15) $\begin{array}{r}12\\\times\quad8\\\hline\end{array}$	(16) $\begin{array}{r}12\\\times\quad3\\\hline\end{array}$	(17) $\begin{array}{r}12\\\times\quad2\\\hline\end{array}$	(18) $\begin{array}{r}12\\\times\quad6\\\hline\end{array}$

SET I   Date: _____   Start: _____   Finish: _____   Score: _____

(1)	(2)	(3)	(4)	(5)	(6)
1 2 × 1 0	1 2 × 2	1 2 × 8	1 2 × 4	1 2 × 9	1 2 × 7
(7)	(8)	(9)	(10)	(11)	(12)
1 2 × 5	1 2 × 6	1 2 × 3	1 2 × 2	1 2 × 1 0	1 2 × 6
(13)	(14)	(15)	(16)	(17)	(18)
1 2 × 4	1 2 × 3	1 2 × 5	1 2 × 7	1 2 × 8	1 2 × 9

SET II   Date: _____   Start: _____   Finish: _____   Score: _____

(1)	(2)	(3)	(4)	(5)	(6)
1 2 × 2	1 2 × 7	1 2 × 1 0	1 2 × 6	1 2 × 5	1 2 × 8
(7)	(8)	(9)	(10)	(11)	(12)
1 2 × 3	1 2 × 9	1 2 × 4	1 2 × 1 0	1 2 × 7	1 2 × 2
(13)	(14)	(15)	(16)	(17)	(18)
1 2 × 5	1 2 × 4	1 2 × 3	1 2 × 8	1 2 × 9	1 2 × 6

SET I Date: _____ Start: _____ Finish: _____ Score: _____

1.
$$\begin{array}{r} 1\ 2 \\ \times\qquad 8 \\ \hline \end{array}$$

2.
$$\begin{array}{r} 1\ 2 \\ \times\qquad 9 \\ \hline \end{array}$$

3.
$$\begin{array}{r} 1\ 2 \\ \times\qquad 7 \\ \hline \end{array}$$

4.
$$\begin{array}{r} 1\ 2 \\ \times\qquad 4 \\ \hline \end{array}$$

5.
$$\begin{array}{r} 1\ 2 \\ \times\qquad 2 \\ \hline \end{array}$$

6.
$$\begin{array}{r} 1\ 2 \\ \times\ 1\ 0 \\ \hline \end{array}$$

7.
$$\begin{array}{r} 1\ 2 \\ \times\qquad 6 \\ \hline \end{array}$$

8.
$$\begin{array}{r} 1\ 2 \\ \times\qquad 3 \\ \hline \end{array}$$

9.
$$\begin{array}{r} 1\ 2 \\ \times\qquad 5 \\ \hline \end{array}$$

10.
$$\begin{array}{r} 1\ 2 \\ \times\qquad 6 \\ \hline \end{array}$$

11.
$$\begin{array}{r} 1\ 2 \\ \times\qquad 8 \\ \hline \end{array}$$

12.
$$\begin{array}{r} 1\ 2 \\ \times\qquad 2 \\ \hline \end{array}$$

13.
$$\begin{array}{r} 1\ 2 \\ \times\qquad 7 \\ \hline \end{array}$$

14.
$$\begin{array}{r} 1\ 2 \\ \times\qquad 5 \\ \hline \end{array}$$

15.
$$\begin{array}{r} 1\ 2 \\ \times\qquad 4 \\ \hline \end{array}$$

16.
$$\begin{array}{r} 1\ 2 \\ \times\ 1\ 0 \\ \hline \end{array}$$

17.
$$\begin{array}{r} 1\ 2 \\ \times\qquad 9 \\ \hline \end{array}$$

18.
$$\begin{array}{r} 1\ 2 \\ \times\qquad 3 \\ \hline \end{array}$$

SET II Date: _____ Start: _____ Finish: _____ Score: _____

1.
$$\begin{array}{r} 1\ 2 \\ \times\qquad 9 \\ \hline \end{array}$$

2.
$$\begin{array}{r} 1\ 2 \\ \times\qquad 6 \\ \hline \end{array}$$

3.
$$\begin{array}{r} 1\ 2 \\ \times\qquad 5 \\ \hline \end{array}$$

4.
$$\begin{array}{r} 1\ 2 \\ \times\qquad 3 \\ \hline \end{array}$$

5.
$$\begin{array}{r} 1\ 2 \\ \times\qquad 2 \\ \hline \end{array}$$

6.
$$\begin{array}{r} 1\ 2 \\ \times\qquad 7 \\ \hline \end{array}$$

7.
$$\begin{array}{r} 1\ 2 \\ \times\qquad 4 \\ \hline \end{array}$$

8.
$$\begin{array}{r} 1\ 2 \\ \times\ 1\ 0 \\ \hline \end{array}$$

9.
$$\begin{array}{r} 1\ 2 \\ \times\qquad 8 \\ \hline \end{array}$$

10.
$$\begin{array}{r} 1\ 2 \\ \times\qquad 8 \\ \hline \end{array}$$

11.
$$\begin{array}{r} 1\ 2 \\ \times\ 1\ 0 \\ \hline \end{array}$$

12.
$$\begin{array}{r} 1\ 2 \\ \times\qquad 4 \\ \hline \end{array}$$

13.
$$\begin{array}{r} 1\ 2 \\ \times\qquad 6 \\ \hline \end{array}$$

14.
$$\begin{array}{r} 1\ 2 \\ \times\qquad 5 \\ \hline \end{array}$$

15.
$$\begin{array}{r} 1\ 2 \\ \times\qquad 3 \\ \hline \end{array}$$

16.
$$\begin{array}{r} 1\ 2 \\ \times\qquad 9 \\ \hline \end{array}$$

17.
$$\begin{array}{r} 1\ 2 \\ \times\qquad 2 \\ \hline \end{array}$$

18.
$$\begin{array}{r} 1\ 2 \\ \times\qquad 7 \\ \hline \end{array}$$

SET I   Date: _____   Start: _____   Finish: _____   Score: _____

1	2	3	4	5	6
4 × 8	7 × 4	1 1 × 3	3 × 6	8 × 9	9 × 2

7	8	9	10	11	12
1 2 × 7	6 × 5	5 × 1 0	1 0 × 4	2 × 1 0	6 × 7

13	14	15	16	17	18
4 × 8	5 × 2	8 × 6	2 × 3	9 × 9	3 × 5

SET II   Date: _____   Start: _____   Finish: _____   Score: _____

1	2	3	4	5	6
1 0 × 5	1 2 × 8	7 × 2	1 1 × 7	1 1 × 9	2 × 1 0

7	8	9	10	11	12
3 × 3	1 0 × 4	4 × 6	9 × 4	8 × 8	5 × 1 0

13	14	15	16	17	18
7 × 5	1 2 × 9	6 × 6	1 0 × 3	8 × 7	2 × 2

SET I   Date: _____   Start: _____   Finish: _____   Score: _____

1	2	3	4	5	6
8 × 2	2 × 1 0	4 × 3	5 × 9	7 × 4	1 0 × 8

7	8	9	10	11	12
1 1 × 6	1 2 × 7	3 × 5	9 × 1 0	6 × 5	4 × 6

13	14	15	16	17	18
7 × 3	2 × 4	1 0 × 8	8 × 9	1 1 × 2	1 2 × 7

SET II   Date: _____   Start: _____   Finish: _____   Score: _____

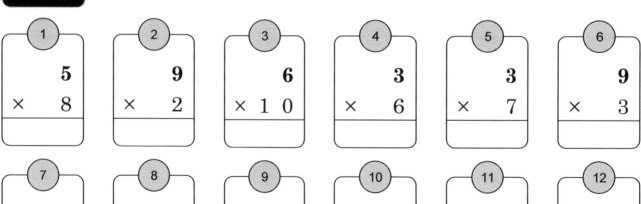

1	2	3	4	5	6
5 × 8	9 × 2	6 × 1 0	3 × 6	3 × 7	9 × 3

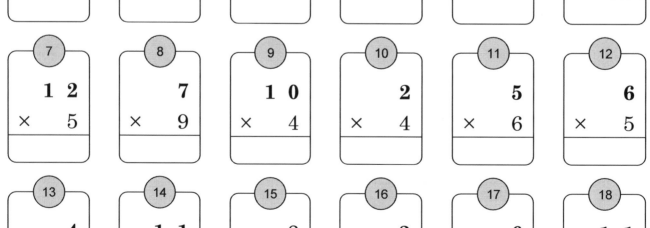

7	8	9	10	11	12
1 2 × 5	7 × 9	1 0 × 4	2 × 4	5 × 6	6 × 5

13	14	15	16	17	18
4 × 8	1 1 × 3	8 × 2	3 × 1 0	6 × 7	1 1 × 9

SET I Date: _____ Start: _____ Finish: _____ Score: _____

(1)
```
    1 2
×     6
```

(2)
```
      5
×     7
```

(3)
```
      9
×     8
```

(4)
```
      4
×     4
```

(5)
```
      3
×     9
```

(6)
```
      7
× 1 0
```

(7)
```
    1 0
×     5
```

(8)
```
      6
×     3
```

(9)
```
      2
×     2
```

(10)
```
      8
×     5
```

(11)
```
    1 1
×     2
```

(12)
```
      9
×     3
```

(13)
```
      8
×     8
```

(14)
```
      6
×     9
```

(15)
```
      4
×     4
```

(16)
```
      3
×     7
```

(17)
```
      7
× 1 0
```

(18)
```
    1 1
×     6
```

SET II Date: _____ Start: _____ Finish: _____ Score: _____

(1)
```
      2
×     3
```

(2)
```
    1 0
×     4
```

(3)
```
      5
× 1 0
```

(4)
```
    1 2
×     6
```

(5)
```
      2
×     8
```

(6)
```
      8
×     7
```

(7)
```
      6
×     9
```

(8)
```
      7
×     2
```

(9)
```
    1 2
×     5
```

(10)
```
      5
× 1 0
```

(11)
```
      4
×     6
```

(12)
```
    1 1
×     9
```

(13)
```
      3
×     3
```

(14)
```
      9
×     7
```

(15)
```
    1 0
×     5
```

(16)
```
    1 0
×     4
```

(17)
```
      8
×     2
```

(18)
```
    1 1
×     8
```

SET I   Date: _____   Start: _____   Finish: _____   Score: _____

1	2	3	4	5	6
8 × 2	6 × 1 0	3 × 8	5 × 5	1 2 × 3	1 1 × 6

7	8	9	10	11	12
1 0 × 7	4 × 4	9 × 9	2 × 4	7 × 2	9 × 5

13	14	15	16	17	18
4 × 7	3 × 6	2 × 9	7 × 3	1 2 × 8	1 1 × 1 0

SET II   Date: _____   Start: _____   Finish: _____   Score: _____

1	2	3	4	5	6
6 × 5	1 0 × 2	5 × 1 0	8 × 7	1 2 × 9	5 × 3

7	8	9	10	11	12
9 × 4	1 0 × 8	8 × 6	7 × 3	3 × 1 0	1 1 × 6

13	14	15	16	17	18
2 × 8	6 × 5	4 × 4	1 1 × 9	1 2 × 2	7 × 7

SET I

Date: _____   Start: _____   Finish: _____   Score: _____

1	2	3	4	5	6
1 3 × 5	1 3 × 4	1 3 × 9	1 3 × 3	1 3 × 6	1 3 × 7

7	8	9	10	11	12
1 3 × 8	1 3 × 2	1 3 × 1 0	1 3 × 5	1 3 × 4	1 3 × 7

13	14	15	16	17	18
1 3 × 9	1 3 × 3	1 3 × 6	1 3 × 1 0	1 3 × 8	1 3 × 2

SET II

Date: _____   Start: _____   Finish: _____   Score: _____

1	2	3	4	5	6
1 3 × 2	1 3 × 5	1 3 × 4	1 3 × 3	1 3 × 6	1 3 × 9

7	8	9	10	11	12
1 3 × 8	1 3 × 7	1 3 × 1 0	1 3 × 4	1 3 × 6	1 3 × 9

13	14	15	16	17	18
1 3 × 3	1 3 × 5	1 3 × 1 0	1 3 × 8	1 3 × 2	1 3 × 7

SET I   Date: _____   Start: _____   Finish: _____   Score: _____

(1)
```
  1 3
×   4
```

(2)
```
  1 3
× 1 0
```

(3)
```
  1 3
×   8
```

(4)
```
  1 3
×   5
```

(5)
```
  1 3
×   2
```

(6)
```
  1 3
×   6
```

(7)
```
  1 3
×   9
```

(8)
```
  1 3
×   7
```

(9)
```
  1 3
×   3
```

(10)
```
  1 3
×   6
```

(11)
```
  1 3
× 1 0
```

(12)
```
  1 3
×   5
```

(13)
```
  1 3
×   7
```

(14)
```
  1 3
×   8
```

(15)
```
  1 3
×   3
```

(16)
```
  1 3
×   9
```

(17)
```
  1 3
×   2
```

(18)
```
  1 3
×   4
```

SET II   Date: _____   Start: _____   Finish: _____   Score: _____

(1)
```
  1 3
×   7
```

(2)
```
  1 3
×   6
```

(3)
```
  1 3
×   4
```

(4)
```
  1 3
×   8
```

(5)
```
  1 3
×   3
```

(6)
```
  1 3
× 1 0
```

(7)
```
  1 3
×   5
```

(8)
```
  1 3
×   2
```

(9)
```
  1 3
×   9
```

(10)
```
  1 3
×   5
```

(11)
```
  1 3
×   6
```

(12)
```
  1 3
×   9
```

(13)
```
  1 3
×   4
```

(14)
```
  1 3
×   8
```

(15)
```
  1 3
×   3
```

(16)
```
  1 3
× 1 0
```

(17)
```
  1 3
×   2
```

(18)
```
  1 3
×   7
```

SET I   Date: _____   Start: _____   Finish: _____   Score: _____

(1) 1 4 × 8	(2) 1 4 × 9	(3) 1 4 × 4	(4) 1 4 × 7	(5) 1 4 × 1 0	(6) 1 4 × 6
(7) 1 4 × 5	(8) 1 4 × 2	(9) 1 4 × 3	(10) 1 4 × 1 0	(11) 1 4 × 2	(12) 1 4 × 3
(13) 1 4 × 9	(14) 1 4 × 8	(15) 1 4 × 5	(16) 1 4 × 6	(17) 1 4 × 4	(18) 1 4 × 7

SET II   Date: _____   Start: _____   Finish: _____   Score: _____

(1) 1 4 × 7	(2) 1 4 × 9	(3) 1 4 × 6	(4) 1 4 × 2	(5) 1 4 × 1 0	(6) 1 4 × 5
(7) 1 4 × 8	(8) 1 4 × 4	(9) 1 4 × 3	(10) 1 4 × 4	(11) 1 4 × 6	(12) 1 4 × 3
(13) 1 4 × 2	(14) 1 4 × 8	(15) 1 4 × 5	(16) 1 4 × 1 0	(17) 1 4 × 9	(18) 1 4 × 7

SET I   Date: _____   Start: _____   Finish: _____   Score: _____

1	2	3	4	5	6
1 4 × 6	1 4 × 5	1 4 × 7	1 4 × 3	1 4 × 4	1 4 × 9

7	8	9	10	11	12
1 4 × 8	1 4 × 1 0	1 4 × 2	1 4 × 3	1 4 × 6	1 4 × 2

13	14	15	16	17	18
1 4 × 8	1 4 × 7	1 4 × 5	1 4 × 1 0	1 4 × 4	1 4 × 9

SET II   Date: _____   Start: _____   Finish: _____   Score: _____

1	2	3	4	5	6
1 4 × 1 0	1 4 × 5	1 4 × 4	1 4 × 6	1 4 × 7	1 4 × 9

7	8	9	10	11	12
1 4 × 8	1 4 × 2	1 4 × 3	1 4 × 2	1 4 × 5	1 4 × 9

13	14	15	16	17	18
1 4 × 1 0	1 4 × 4	1 4 × 7	1 4 × 3	1 4 × 8	1 4 × 6

SET I   Date: _____   Start: _____   Finish: _____   Score: _____

(1) 1 5 × 1 0	(2) 1 5 × 9	(3) 1 5 × 2	(4) 1 5 × 7	(5) 1 5 × 4	(6) 1 5 × 5
(7) 1 5 × 6	(8) 1 5 × 3	(9) 1 5 × 8	(10) 1 5 × 8	(11) 1 5 × 3	(12) 1 5 × 9
(13) 1 5 × 2	(14) 1 5 × 4	(15) 1 5 × 1 0	(16) 1 5 × 5	(17) 1 5 × 7	(18) 1 5 × 6

SET II   Date: _____   Start: _____   Finish: _____   Score: _____

(1) 1 5 × 8	(2) 1 5 × 2	(3) 1 5 × 6	(4) 1 5 × 4	(5) 1 5 × 9	(6) 1 5 × 5
(7) 1 5 × 1 0	(8) 1 5 × 7	(9) 1 5 × 3	(10) 1 5 × 4	(11) 1 5 × 7	(12) 1 5 × 2
(13) 1 5 × 8	(14) 1 5 × 6	(15) 1 5 × 1 0	(16) 1 5 × 3	(17) 1 5 × 9	(18) 1 5 × 5

SET I   Date: _____   Start: _____   Finish: _____   Score: _____

(1) 1 5 × 4	**(2)** 1 5 × 8	**(3)** 1 5 × 9	**(4)** 1 5 × 7	**(5)** 1 5 × 2	**(6)** 1 5 × 5
(7) 1 5 × 3	**(8)** 1 5 × 6	**(9)** 1 5 × 1 0	**(10)** 1 5 × 5	**(11)** 1 5 × 9	**(12)** 1 5 × 8
(13) 1 5 × 6	**(14)** 1 5 × 2	**(15)** 1 5 × 7	**(16)** 1 5 × 3	**(17)** 1 5 × 4	**(18)** 1 5 × 1 0

SET II   Date: _____   Start: _____   Finish: _____   Score: _____

(1) 1 5 × 7	**(2)** 1 5 × 9	**(3)** 1 5 × 2	**(4)** 1 5 × 4	**(5)** 1 5 × 1 0	**(6)** 1 5 × 3
(7) 1 5 × 5	**(8)** 1 5 × 6	**(9)** 1 5 × 8	**(10)** 1 5 × 3	**(11)** 1 5 × 1 0	**(12)** 1 5 × 9
(13) 1 5 × 8	**(14)** 1 5 × 7	**(15)** 1 5 × 4	**(16)** 1 5 × 5	**(17)** 1 5 × 6	**(18)** 1 5 × 2

SET I   Date: _____   Start: _____   Finish: _____   Score: _____

(1)
```
    1 3
×     8
```

(2)
```
    1 2
×     7
```

(3)
```
    1 5
×     3
```

(4)
```
    1 1
×     4
```

(5)
```
    1 4
×     5
```

(6)
```
    1 3
×     2
```

(7)
```
    1 2
×     6
```

(8)
```
    1 4
×     9
```

(9)
```
    1 5
×   1 0
```

(10)
```
    1 1
×     4
```

(11)
```
    1 1
×     8
```

(12)
```
    1 4
×     5
```

(13)
```
    1 3
×     7
```

(14)
```
    1 2
×     2
```

(15)
```
    1 5
×     6
```

(16)
```
    1 2
×     3
```

(17)
```
    1 3
×     9
```

(18)
```
    1 1
×   1 0
```

SET II   Date: _____   Start: _____   Finish: _____   Score: _____

(1)
```
    1 5
×     6
```

(2)
```
    1 4
×     7
```

(3)
```
    1 2
×     3
```

(4)
```
    1 4
×     9
```

(5)
```
    1 1
×     4
```

(6)
```
    1 3
×   1 0
```

(7)
```
    1 5
×     5
```

(8)
```
    1 1
×     2
```

(9)
```
    1 5
×     8
```

(10)
```
    1 3
×     7
```

(11)
```
    1 2
×     5
```

(12)
```
    1 4
×     6
```

(13)
```
    1 5
×     4
```

(14)
```
    1 3
×   1 0
```

(15)
```
    1 1
×     8
```

(16)
```
    1 4
×     3
```

(17)
```
    1 2
×     2
```

(18)
```
    1 2
×     9
```

SET I   Date: _____   Start: _____   Finish: _____   Score: _____

1	2	3	4	5	6
1 1 × 1 0	1 2 × 6	1 4 × 9	1 5 × 5	1 3 × 2	1 4 × 3

7	8	9	10	11	12
1 2 × 7	1 1 × 8	1 5 × 4	1 3 × 3	1 3 × 1 0	1 2 × 2

13	14	15	16	17	18
1 1 × 5	1 5 × 7	1 4 × 9	1 4 × 6	1 5 × 8	1 2 × 4

SET II   Date: _____   Start: _____   Finish: _____   Score: _____

1	2	3	4	5	6
1 3 × 1 0	1 1 × 5	1 2 × 6	1 1 × 7	1 4 × 2	1 3 × 4

7	8	9	10	11	12
1 5 × 8	1 4 × 3	1 5 × 9	1 1 × 5	1 2 × 1 0	1 3 × 9

13	14	15	16	17	18
1 4 × 8	1 1 × 7	1 2 × 3	1 3 × 6	1 5 × 4	1 4 × 2

SET I   Date: _____   Start: _____   Finish: _____   Score: _____

(1)
```
   1 3
×    8
```

(2)
```
   1 2
× 1 0
```

(3)
```
   1 5
×    7
```

(4)
```
   1 1
×    2
```

(5)
```
   1 4
×    9
```

(6)
```
   1 1
×    3
```

(7)
```
   1 5
×    6
```

(8)
```
   1 3
×    5
```

(9)
```
   1 2
×    4
```

(10)
```
   1 4
×    8
```

(11)
```
   1 2
×    2
```

(12)
```
   1 1
×    9
```

(13)
```
   1 4
× 1 0
```

(14)
```
   1 5
×    6
```

(15)
```
   1 3
×    7
```

(16)
```
   1 1
×    4
```

(17)
```
   1 3
×    3
```

(18)
```
   1 5
×    5
```

SET II   Date: _____   Start: _____   Finish: _____   Score: _____

(1)
```
   1 2
×    2
```

(2)
```
   1 4
×    8
```

(3)
```
   1 2
×    7
```

(4)
```
   1 5
× 1 0
```

(5)
```
   1 4
×    9
```

(6)
```
   1 3
×    5
```

(7)
```
   1 1
×    3
```

(8)
```
   1 2
×    6
```

(9)
```
   1 5
×    4
```

(10)
```
   1 4
× 1 0
```

(11)
```
   1 1
×    6
```

(12)
```
   1 3
×    7
```

(13)
```
   1 3
×    3
```

(14)
```
   1 2
×    5
```

(15)
```
   1 4
×    2
```

(16)
```
   1 1
×    4
```

(17)
```
   1 5
×    9
```

(18)
```
   1 2
×    8
```

SET I Date: _____ Start: _____ Finish: _____ Score: _____

1	2	3	4	5	6
1 1 × 3	1 3 × 2	1 5 × 5	1 4 × 8	1 2 × 7	1 3 × 6

7	8	9	10	11	12
1 1 × 4	1 2 × 1 0	1 5 × 9	1 4 × 5	1 2 × 2	1 4 × 4

13	14	15	16	17	18
1 1 × 3	1 3 × 9	1 5 × 7	1 1 × 1 0	1 5 × 8	1 3 × 6

SET II Date: _____ Start: _____ Finish: _____ Score: _____

1	2	3	4	5	6
1 2 × 4	1 4 × 5	1 4 × 9	1 1 × 8	1 5 × 3	1 2 × 2

7	8	9	10	11	12
1 3 × 1 0	1 4 × 7	1 3 × 6	1 1 × 6	1 5 × 3	1 2 × 8

13	14	15	16	17	18
1 5 × 5	1 3 × 1 0	1 4 × 2	1 2 × 7	1 1 × 4	1 2 × 9

SET I Date: _____ Start: _____ Finish: _____ Score: _____

1	2	3	4	5	6
1 6 × 6	1 6 × 4	1 6 × 7	1 6 × 8	1 6 × 9	1 6 × 2

7	8	9	10	11	12
1 6 × 1 0	1 6 × 3	1 6 × 5	1 6 × 6	1 6 × 3	1 6 × 4

13	14	15	16	17	18
1 6 × 9	1 6 × 7	1 6 × 8	1 6 × 2	1 6 × 1 0	1 6 × 5

SET II Date: _____ Start: _____ Finish: _____ Score: _____

1	2	3	4	5	6
1 6 × 9	1 6 × 1 0	1 6 × 8	1 6 × 6	1 6 × 2	1 6 × 7

7	8	9	10	11	12
1 6 × 4	1 6 × 3	1 6 × 5	1 6 × 3	1 6 × 9	1 6 × 1 0

13	14	15	16	17	18
1 6 × 6	1 6 × 8	1 6 × 2	1 6 × 5	1 6 × 4	1 6 × 7

SET I Date: _____ Start: _____ Finish: _____ Score: _____

1)
```
   1 6
×    2
```

2)
```
   1 6
×    9
```

3)
```
   1 6
×    8
```

4)
```
   1 6
×    6
```

5)
```
   1 6
×    7
```

6)
```
   1 6
× 1 0
```

7)
```
   1 6
×    4
```

8)
```
   1 6
×    3
```

9)
```
   1 6
×    5
```

10)
```
   1 6
×    9
```

11)
```
   1 6
×    6
```

12)
```
   1 6
×    5
```

13)
```
   1 6
×    3
```

14)
```
   1 6
×    2
```

15)
```
   1 6
×    8
```

16)
```
   1 6
×    7
```

17)
```
   1 6
× 1 0
```

18)
```
   1 6
×    4
```

SET II Date: _____ Start: _____ Finish: _____ Score: _____

1)
```
   1 6
×    2
```

2)
```
   1 6
×    3
```

3)
```
   1 6
×    5
```

4)
```
   1 6
× 1 0
```

5)
```
   1 6
×    9
```

6)
```
   1 6
×    7
```

7)
```
   1 6
×    4
```

8)
```
   1 6
×    8
```

9)
```
   1 6
×    6
```

10)
```
   1 6
×    6
```

11)
```
   1 6
×    3
```

12)
```
   1 6
×    4
```

13)
```
   1 6
×    2
```

14)
```
   1 6
×    7
```

15)
```
   1 6
×    5
```

16)
```
   1 6
×    9
```

17)
```
   1 6
×    8
```

18)
```
   1 6
× 1 0
```

SET I   Date: _____   Start: _____   Finish: _____   Score: _____

1	2	3	4	5	6
1 7 × 1 0	1 7 × 5	1 7 × 9	1 7 × 6	1 7 × 4	1 7 × 2

7	8	9	10	11	12
1 7 × 3	1 7 × 7	1 7 × 8	1 7 × 3	1 7 × 6	1 7 × 9

13	14	15	16	17	18
1 7 × 1 0	1 7 × 7	1 7 × 2	1 7 × 5	1 7 × 8	1 7 × 4

SET II   Date: _____   Start: _____   Finish: _____   Score: _____

1	2	3	4	5	6
1 7 × 7	1 7 × 6	1 7 × 3	1 7 × 1 0	1 7 × 2	1 7 × 9

7	8	9	10	11	12
1 7 × 4	1 7 × 8	1 7 × 5	1 7 × 9	1 7 × 8	1 7 × 3

13	14	15	16	17	18
1 7 × 5	1 7 × 1 0	1 7 × 2	1 7 × 7	1 7 × 4	1 7 × 6

Multiplication Facts

SET I   Date:_____   Start:_____   Finish:_____   Score:_____

(1)	(2)	(3)	(4)	(5)	(6)
1 7 × 9	1 7 × 3	1 7 × 5	1 7 × 1 0	1 7 × 6	1 7 × 7

(7)	(8)	(9)	(10)	(11)	(12)
1 7 × 2	1 7 × 8	1 7 × 4	1 7 × 7	1 7 × 6	1 7 × 3

(13)	(14)	(15)	(16)	(17)	(18)
1 7 × 4	1 7 × 1 0	1 7 × 8	1 7 × 5	1 7 × 9	1 7 × 2

SET II   Date:_____   Start:_____   Finish:_____   Score:_____

(1)	(2)	(3)	(4)	(5)	(6)
1 7 × 3	1 7 × 4	1 7 × 8	1 7 × 6	1 7 × 9	1 7 × 7

(7)	(8)	(9)	(10)	(11)	(12)
1 7 × 2	1 7 × 5	1 7 × 1 0	1 7 × 9	1 7 × 8	1 7 × 4

(13)	(14)	(15)	(16)	(17)	(18)
1 7 × 2	1 7 × 6	1 7 × 1 0	1 7 × 7	1 7 × 5	1 7 × 3

SET I   Date: _____   Start: _____   Finish: _____   Score: _____

(1)
```
    1 8
×     6
```

(2)
```
    1 8
×     8
```

(3)
```
    1 8
×     5
```

(4)
```
    1 8
×     9
```

(5)
```
    1 8
×     3
```

(6)
```
    1 8
× 1 0
```

(7)
```
    1 8
×     7
```

(8)
```
    1 8
×     2
```

(9)
```
    1 8
×     4
```

(10)
```
    1 8
×     7
```

(11)
```
    1 8
×     9
```

(12)
```
    1 8
×     4
```

(13)
```
    1 8
×     8
```

(14)
```
    1 8
×     2
```

(15)
```
    1 8
×     3
```

(16)
```
    1 8
×     6
```

(17)
```
    1 8
× 1 0
```

(18)
```
    1 8
×     5
```

SET II   Date: _____   Start: _____   Finish: _____   Score: _____

(1)
```
    1 8
×     5
```

(2)
```
    1 8
×     2
```

(3)
```
    1 8
×     7
```

(4)
```
    1 8
×     4
```

(5)
```
    1 8
×     6
```

(6)
```
    1 8
×     9
```

(7)
```
    1 8
× 1 0
```

(8)
```
    1 8
×     3
```

(9)
```
    1 8
×     8
```

(10)
```
    1 8
×     7
```

(11)
```
    1 8
×     9
```

(12)
```
    1 8
×     3
```

(13)
```
    1 8
×     2
```

(14)
```
    1 8
×     4
```

(15)
```
    1 8
×     8
```

(16)
```
    1 8
× 1 0
```

(17)
```
    1 8
×     5
```

(18)
```
    1 8
×     6
```

SET I Date: _____ Start: _____ Finish: _____ Score: _____

①
```
    1 8
×     9
```

②
```
    1 8
×     2
```

③
```
    1 8
×     5
```

④
```
    1 8
×     4
```

⑤
```
    1 8
×   1 0
```

⑥
```
    1 8
×     8
```

⑦
```
    1 8
×     3
```

⑧
```
    1 8
×     6
```

⑨
```
    1 8
×     7
```

⑩
```
    1 8
×     8
```

⑪
```
    1 8
×     9
```

⑫
```
    1 8
×     3
```

⑬
```
    1 8
×     6
```

⑭
```
    1 8
×     5
```

⑮
```
    1 8
×   1 0
```

⑯
```
    1 8
×     2
```

⑰
```
    1 8
×     4
```

⑱
```
    1 8
×     7
```

SET II Date: _____ Start: _____ Finish: _____ Score: _____

①
```
    1 8
×     9
```

②
```
    1 8
×     3
```

③
```
    1 8
×     8
```

④
```
    1 8
×     2
```

⑤
```
    1 8
×     5
```

⑥
```
    1 8
×     6
```

⑦
```
    1 8
×     7
```

⑧
```
    1 8
×   1 0
```

⑨
```
    1 8
×     4
```

⑩
```
    1 8
×     6
```

⑪
```
    1 8
×   1 0
```

⑫
```
    1 8
×     7
```

⑬
```
    1 8
×     2
```

⑭
```
    1 8
×     8
```

⑮
```
    1 8
×     4
```

⑯
```
    1 8
×     5
```

⑰
```
    1 8
×     3
```

⑱
```
    1 8
×     9
```

SET I   Date:_____   Start:_____   Finish:_____   Score:_____

1	2	3	4	5	6
1 9 × 9	1 9 × 4	1 9 × 7	1 9 × 3	1 9 × 1 0	1 9 × 5

7	8	9	10	11	12
1 9 × 8	1 9 × 6	1 9 × 2	1 9 × 9	1 9 × 8	1 9 × 5

13	14	15	16	17	18
1 9 × 4	1 9 × 1 0	1 9 × 7	1 9 × 6	1 9 × 2	1 9 × 3

SET II   Date:_____   Start:_____   Finish:_____   Score:_____

1	2	3	4	5	6
1 9 × 7	1 9 × 2	1 9 × 9	1 9 × 4	1 9 × 3	1 9 × 8

7	8	9	10	11	12
1 9 × 5	1 9 × 1 0	1 9 × 6	1 9 × 9	1 9 × 5	1 9 × 8

13	14	15	16	17	18
1 9 × 7	1 9 × 1 0	1 9 × 4	1 9 × 2	1 9 × 6	1 9 × 3

SET I Date:_____ Start:_____ Finish:_____ Score:_____

1	2	3	4	5	6
1 9 × 1 0	1 9 × 9	1 9 × 3	1 9 × 2	1 9 × 7	1 9 × 6

7	8	9	10	11	12
1 9 × 4	1 9 × 5	1 9 × 8	1 9 × 2	1 9 × 6	1 9 × 8

13	14	15	16	17	18
1 9 × 3	1 9 × 9	1 9 × 5	1 9 × 7	1 9 × 4	1 9 × 1 0

SET II Date:_____ Start:_____ Finish:_____ Score:_____

1	2	3	4	5	6
1 9 × 5	1 9 × 8	1 9 × 3	1 9 × 1 0	1 9 × 4	1 9 × 6

7	8	9	10	11	12
1 9 × 9	1 9 × 2	1 9 × 7	1 9 × 5	1 9 × 1 0	1 9 × 6

13	14	15	16	17	18
1 9 × 7	1 9 × 2	1 9 × 8	1 9 × 3	1 9 × 4	1 9 × 9

SET I Date:_____ Start:_____ Finish:_____ Score:_____

1) 2 0 × 8
2) 2 0 × 6
3) 2 0 × 4
4) 2 0 × 7
5) 2 0 × 9
6) 2 0 × 3

7) 2 0 × 5
8) 2 0 × 1 0
9) 2 0 × 2
10) 2 0 × 6
11) 2 0 × 9
12) 2 0 × 8

13) 2 0 × 1 0
14) 2 0 × 5
15) 2 0 × 4
16) 2 0 × 2
17) 2 0 × 7
18) 2 0 × 3

SET II Date:_____ Start:_____ Finish:_____ Score:_____

1) 2 0 × 9
2) 2 0 × 4
3) 2 0 × 7
4) 2 0 × 5
5) 2 0 × 6
6) 2 0 × 8

7) 2 0 × 2
8) 2 0 × 1 0
9) 2 0 × 3
10) 2 0 × 8
11) 2 0 × 3
12) 2 0 × 2

13) 2 0 × 6
14) 2 0 × 4
15) 2 0 × 9
16) 2 0 × 1 0
17) 2 0 × 7
18) 2 0 × 5

Multiplication Facts

SET I Date: _____ Start: _____ Finish: _____ Score: _____

(1) 20 × 9	(2) 20 × 2	(3) 20 × 4	(4) 20 × 3	(5) 20 × 10	(6) 20 × 5
(7) 20 × 6	(8) 20 × 7	(9) 20 × 8	(10) 20 × 5	(11) 20 × 10	(12) 20 × 8
(13) 20 × 6	(14) 20 × 9	(15) 20 × 2	(16) 20 × 4	(17) 20 × 7	(18) 20 × 3

SET II Date: _____ Start: _____ Finish: _____ Score: _____

(1) 20 × 9	(2) 20 × 6	(3) 20 × 4	(4) 20 × 5	(5) 20 × 7	(6) 20 × 3
(7) 20 × 10	(8) 20 × 8	(9) 20 × 2	(10) 20 × 6	(11) 20 × 3	(12) 20 × 5
(13) 20 × 9	(14) 20 × 2	(15) 20 × 4	(16) 20 × 8	(17) 20 × 7	(18) 20 × 10

SET I   Date: _____   Start: _____   Finish: _____   Score: _____

1	2	3	4	5	6
1 9 × 5	1 6 × 1 0	1 7 × 7	1 8 × 2	2 0 × 4	1 8 × 9

7	8	9	10	11	12
2 0 × 6	1 9 × 3	1 7 × 8	1 6 × 9	1 8 × 4	1 6 × 6

13	14	15	16	17	18
1 9 × 2	1 7 × 1 0	2 0 × 3	2 0 × 5	1 7 × 7	1 8 × 8

SET II   Date: _____   Start: _____   Finish: _____   Score: _____

1	2	3	4	5	6
1 6 × 8	1 9 × 9	1 6 × 3	1 9 × 4	2 0 × 2	1 8 × 5

7	8	9	10	11	12
1 7 × 6	1 7 × 7	2 0 × 1 0	1 8 × 7	1 6 × 2	1 9 × 8

13	14	15	16	17	18
1 7 × 9	2 0 × 6	1 8 × 5	1 9 × 3	1 6 × 1 0	1 8 × 4

SET I Date: _____ Start: _____ Finish: _____ Score: _____

(1)	(2)	(3)	(4)	(5)	(6)
1 6 × 7	1 9 × 8	1 8 × 6	2 0 × 1 0	1 7 × 4	1 6 × 3

(7)	(8)	(9)	(10)	(11)	(12)
1 8 × 5	2 0 × 2	1 7 × 9	1 9 × 4	1 9 × 8	1 8 × 2

(13)	(14)	(15)	(16)	(17)	(18)
1 7 × 3	2 0 × 5	1 6 × 9	1 6 × 1 0	2 0 × 7	1 7 × 6

SET II Date: _____ Start: _____ Finish: _____ Score: _____

(1)	(2)	(3)	(4)	(5)	(6)
1 9 × 4	1 8 × 1 0	1 7 × 3	1 8 × 6	1 9 × 5	1 6 × 2

(7)	(8)	(9)	(10)	(11)	(12)
2 0 × 8	1 9 × 9	1 7 × 7	1 8 × 7	1 6 × 9	2 0 × 4

(13)	(14)	(15)	(16)	(17)	(18)
1 6 × 5	1 8 × 6	1 9 × 2	1 7 × 8	2 0 × 3	1 9 × 1 0

SET I Date: _____ Start: _____ Finish: _____ Score: _____

(1)	(2)	(3)	(4)	(5)	(6)
1 9 × 4	2 0 × 8	1 7 × 5	1 6 × 1 0	1 8 × 9	1 6 × 7

(7)	(8)	(9)	(10)	(11)	(12)
1 7 × 3	1 8 × 2	2 0 × 6	1 9 × 6	1 8 × 9	1 7 × 2

(13)	(14)	(15)	(16)	(17)	(18)
1 9 × 3	1 6 × 5	2 0 × 4	2 0 × 7	1 6 × 1 0	1 7 × 8

SET II Date: _____ Start: _____ Finish: _____ Score: _____

(1)	(2)	(3)	(4)	(5)	(6)
1 8 × 6	1 9 × 1 0	1 6 × 3	1 8 × 7	1 7 × 2	1 9 × 4

(7)	(8)	(9)	(10)	(11)	(12)
2 0 × 5	1 6 × 8	1 7 × 9	1 8 × 7	1 9 × 1 0	2 0 × 2

(13)	(14)	(15)	(16)	(17)	(18)
1 8 × 5	2 0 × 4	1 6 × 6	1 7 × 3	1 9 × 9	1 9 × 8

SET I   Date: _____   Start: _____   Finish: _____   Score: _____

(1)	(2)	(3)	(4)	(5)	(6)
1 9 × 8	1 8 × 7	1 6 × 9	2 0 × 5	1 7 × 2	2 0 × 4

(7)	(8)	(9)	(10)	(11)	(12)
1 9 × 6	1 8 × 1 0	1 7 × 3	1 6 × 2	1 9 × 5	1 7 × 1 0

(13)	(14)	(15)	(16)	(17)	(18)
1 8 × 3	2 0 × 8	1 6 × 9	1 7 × 7	1 8 × 6	1 6 × 4

SET II   Date: _____   Start: _____   Finish: _____   Score: _____

(1)	(2)	(3)	(4)	(5)	(6)
2 0 × 7	1 9 × 4	1 7 × 6	1 9 × 1 0	1 6 × 2	2 0 × 9

(7)	(8)	(9)	(10)	(11)	(12)
1 8 × 5	1 8 × 8	1 9 × 3	2 0 × 8	1 7 × 4	1 6 × 3

(13)	(14)	(15)	(16)	(17)	(18)
2 0 × 1 0	1 7 × 9	1 8 × 5	1 6 × 6	1 9 × 2	1 8 × 7

SET I   Date: _____   Start: _____   Finish: _____   Score: _____

1)
```
    6
×   4
```

2)
```
  2 0
×   2
```

3)
```
    8
×   8
```

4)
```
  1 6
× 1 0
```

5)
```
  1 8
×   3
```

6)
```
    3
×   7
```

7)
```
    2
×   9
```

8)
```
  1 9
×   5
```

9)
```
    4
×   6
```

10)
```
  1 2
×   7
```

11)
```
  1 7
× 1 0
```

12)
```
  1 3
×   6
```

13)
```
  1 5
×   8
```

14)
```
    5
×   5
```

15)
```
    9
×   3
```

16)
```
  1 1
×   9
```

17)
```
  1 0
×   2
```

18)
```
    7
×   4
```

SET II   Date: _____   Start: _____   Finish: _____   Score: _____

1)
```
  1 4
×   6
```

2)
```
    5
×   2
```

3)
```
  1 0
×   5
```

4)
```
  1 6
×   7
```

5)
```
    6
×   4
```

6)
```
    2
× 1 0
```

7)
```
    9
×   8
```

8)
```
    8
×   3
```

9)
```
    7
×   9
```

10)
```
  2 0
×   4
```

11)
```
    4
×   6
```

12)
```
  1 4
×   5
```

13)
```
  1 7
×   7
```

14)
```
  1 1
×   8
```

15)
```
  1 5
×   2
```

16)
```
  1 2
×   3
```

17)
```
  1 9
×   9
```

18)
```
  1 3
× 1 0
```

SET I   Date: _____   Start: _____   Finish: _____   Score: _____

1	2	3	4	5	6
1 1 × 8	1 3 × 7	8 × 3	1 7 × 4	1 5 × 2	1 8 × 5

7	8	9	10	11	12
2 × 9	5 × 1 0	7 × 6	2 0 × 2	9 × 7	1 2 × 5

13	14	15	16	17	18
1 4 × 1 0	1 0 × 6	1 6 × 3	3 × 4	4 × 8	1 9 × 9

SET II   Date: _____   Start: _____   Finish: _____   Score: _____

1	2	3	4	5	6
6 × 2	2 × 1 0	5 × 8	4 × 6	2 0 × 7	6 × 4

7	8	9	10	11	12
1 3 × 5	9 × 9	1 5 × 3	7 × 2	1 2 × 4	8 × 6

13	14	15	16	17	18
1 7 × 5	1 1 × 8	1 4 × 3	1 0 × 9	1 9 × 1 0	1 8 × 7

SET I Date: _____ Start: _____ Finish: _____ Score: _____

(1) $\begin{array}{r} 1\ 0 \\ \times\quad 5 \\ \hline \end{array}$	(2) $\begin{array}{r} 1\ 8 \\ \times\quad 3 \\ \hline \end{array}$	(3) $\begin{array}{r} 1\ 7 \\ \times\quad 2 \\ \hline \end{array}$

(1)	(2)	(3)	(4)	(5)	(6)
$\begin{array}{r} 1\ 0 \\ \times\ 5 \end{array}$	$\begin{array}{r} 1\ 8 \\ \times\ 3 \end{array}$	$\begin{array}{r} 1\ 7 \\ \times\ 2 \end{array}$	$\begin{array}{r} 7 \\ \times\ 8 \end{array}$	$\begin{array}{r} 1\ 3 \\ \times\ 6 \end{array}$	$\begin{array}{r} 1\ 9 \\ \times\ 7 \end{array}$
(7)	(8)	(9)	(10)	(11)	(12)
$\begin{array}{r} 1\ 6 \\ \times\ 4 \end{array}$	$\begin{array}{r} 2 \\ \times\ 1\ 0 \end{array}$	$\begin{array}{r} 9 \\ \times\ 9 \end{array}$	$\begin{array}{r} 2\ 0 \\ \times\ 1\ 0 \end{array}$	$\begin{array}{r} 6 \\ \times\ 7 \end{array}$	$\begin{array}{r} 8 \\ \times\ 9 \end{array}$
(13)	(14)	(15)	(16)	(17)	(18)
$\begin{array}{r} 5 \\ \times\ 4 \end{array}$	$\begin{array}{r} 1\ 4 \\ \times\ 8 \end{array}$	$\begin{array}{r} 4 \\ \times\ 5 \end{array}$	$\begin{array}{r} 3 \\ \times\ 3 \end{array}$	$\begin{array}{r} 1\ 1 \\ \times\ 6 \end{array}$	$\begin{array}{r} 1\ 2 \\ \times\ 2 \end{array}$

SET II Date: _____ Start: _____ Finish: _____ Score: _____

(1)	(2)	(3)	(4)	(5)	(6)
$\begin{array}{r} 1\ 5 \\ \times\ 7 \end{array}$	$\begin{array}{r} 8 \\ \times\ 1\ 0 \end{array}$	$\begin{array}{r} 1\ 6 \\ \times\ 3 \end{array}$	$\begin{array}{r} 6 \\ \times\ 5 \end{array}$	$\begin{array}{r} 1\ 3 \\ \times\ 9 \end{array}$	$\begin{array}{r} 1\ 9 \\ \times\ 8 \end{array}$
(7)	(8)	(9)	(10)	(11)	(12)
$\begin{array}{r} 1\ 4 \\ \times\ 4 \end{array}$	$\begin{array}{r} 9 \\ \times\ 2 \end{array}$	$\begin{array}{r} 2 \\ \times\ 6 \end{array}$	$\begin{array}{r} 5 \\ \times\ 2 \end{array}$	$\begin{array}{r} 1\ 7 \\ \times\ 6 \end{array}$	$\begin{array}{r} 1\ 2 \\ \times\ 9 \end{array}$
(13)	(14)	(15)	(16)	(17)	(18)
$\begin{array}{r} 2\ 0 \\ \times\ 8 \end{array}$	$\begin{array}{r} 1\ 8 \\ \times\ 3 \end{array}$	$\begin{array}{r} 3 \\ \times\ 7 \end{array}$	$\begin{array}{r} 1\ 1 \\ \times\ 5 \end{array}$	$\begin{array}{r} 1\ 0 \\ \times\ 4 \end{array}$	$\begin{array}{r} 7 \\ \times\ 1\ 0 \end{array}$

SET I   Date: _____   Start: _____   Finish: _____   Score: _____

(1)	(2)	(3)	(4)	(5)	(6)
1 5 × 6	1 9 × 7	2 × 8	1 2 × 9	1 8 × 1 0	5 × 5

(7)	(8)	(9)	(10)	(11)	(12)
6 × 3	1 1 × 4	1 7 × 2	9 × 9	1 0 × 8	1 3 × 7

(13)	(14)	(15)	(16)	(17)	(18)
7 × 6	3 × 3	1 4 × 4	4 × 1 0	8 × 2	2 0 × 5

SET II   Date: _____   Start: _____   Finish: _____   Score: _____

(1)	(2)	(3)	(4)	(5)	(6)
1 6 × 5	1 3 × 1 0	1 2 × 9	1 5 × 7	5 × 2	7 × 3

(7)	(8)	(9)	(10)	(11)	(12)
1 4 × 4	1 8 × 6	1 6 × 8	8 × 9	2 0 × 4	1 0 × 1 0

(13)	(14)	(15)	(16)	(17)	(18)
2 × 2	6 × 8	1 7 × 7	1 9 × 6	9 × 5	3 × 3

SET I   Date: _____   Start: _____   Finish: _____   Score: _____

1	2	3	4	5	6
1 8 × 2	7 × 8	5 × 3	1 7 × 1 0	1 2 × 4	9 × 5

7	8	9	10	11	12
3 × 6	1 3 × 9	1 9 × 7	8 × 5	4 × 1 0	6 × 6

13	14	15	16	17	18
1 5 × 8	1 6 × 4	1 4 × 3	1 1 × 2	1 0 × 9	2 0 × 7

SET II   Date: _____   Start: _____   Finish: _____   Score: _____

1	2	3	4	5	6
2 × 3	2 × 9	1 5 × 8	1 0 × 6	1 7 × 5	1 6 × 2

7	8	9	10	11	12
1 1 × 7	2 0 × 1 0	7 × 4	6 × 7	5 × 2	1 9 × 5

13	14	15	16	17	18
1 4 × 3	4 × 1 0	1 8 × 6	3 × 9	9 × 4	8 × 8

Multiplication Table Reference

9 X				
9	×	1	=	1
9	×	2	=	18
9	×	3	=	27
9	×	4	=	36
9	×	5	=	45
9	×	6	=	54
9	×	7	=	63
9	×	8	=	72
9	×	9	=	81
9	×	10	=	90

10 X				
10	×	1	=	10
10	×	2	=	20
10	×	3	=	30
10	×	4	=	40
10	×	5	=	50
10	×	6	=	60
10	×	7	=	70
10	×	8	=	80
10	×	9	=	90
10	×	10	=	100

11 X				
11	×	1	=	11
11	×	2	=	22
11	×	3	=	33
11	×	4	=	44
11	×	5	=	55
11	×	6	=	66
11	×	7	=	77
11	×	8	=	88
11	×	9	=	99
11	×	10	=	110

12 X				
12	×	1	=	12
12	×	2	=	24
12	×	3	=	36
12	×	4	=	48
12	×	5	=	60
12	×	6	=	72
12	×	7	=	84
12	×	8	=	96
12	×	9	=	108
12	×	10	=	120

13 X				
13	×	1	=	13
13	×	2	=	26
13	×	3	=	39
13	×	4	=	52
13	×	5	=	65
13	×	6	=	78
13	×	7	=	91
13	×	8	=	104
13	×	9	=	117
13	×	10	=	130

14 X				
14	×	1	=	14
14	×	2	=	28
14	×	3	=	42
14	×	4	=	56
14	×	5	=	70
14	×	6	=	84
14	×	7	=	98
14	×	8	=	112
14	×	9	=	126
14	×	10	=	140

15 X				
15	×	1	=	15
15	×	2	=	30
15	×	3	=	45
15	×	4	=	60
15	×	5	=	75
15	×	6	=	90
15	×	7	=	105
15	×	8	=	120
15	×	9	=	135
15	×	10	=	150

16 X				
16	×	1	=	16
16	×	2	=	32
16	×	3	=	48
16	×	4	=	64
16	×	5	=	80
16	×	6	=	96
16	×	7	=	112
16	×	8	=	128
16	×	9	=	144
16	×	10	=	160

17 X				
17	×	1	=	17
17	×	2	=	34
17	×	3	=	51
17	×	4	=	68
17	×	5	=	85
17	×	6	=	102
17	×	7	=	119
17	×	8	=	136
17	×	9	=	153
17	×	10	=	170

18 X				
18	×	1	=	18
18	×	2	=	36
18	×	3	=	54
18	×	4	=	72
18	×	5	=	90
18	×	6	=	108
18	×	7	=	126
18	×	8	=	144
18	×	9	=	162
18	×	10	=	180

19 X				
19	×	1	=	19
19	×	2	=	38
19	×	3	=	57
19	×	4	=	76
19	×	5	=	95
19	×	6	=	114
19	×	7	=	133
19	×	8	=	152
19	×	9	=	171
19	×	10	=	190

20 X				
20	×	1	=	20
20	×	2	=	40
20	×	3	=	60
20	×	4	=	80
20	×	5	=	100
20	×	6	=	120
20	×	7	=	140
20	×	8	=	160
20	×	9	=	180
20	×	10	=	200

Answer Key

Page 1

Set I						Set II					
1. 0	2. 0	3. 0	4. 0	5. 0	6. 0	1. 0	2. 0	3. 0	4. 0	5. 0	6. 0
7. 0	8. 0	9. 0	10. 0	11. 0	12. 0	7. 0	8. 0	9. 0	10. 0	11. 0	12. 0
13. 0	14. 0	15. 0	16. 0	17. 0	18. 0	13. 0	14. 0	15. 0	16. 0	17. 0	18. 0

Page 2

Set I						Set II					
1. 3	2. 4	3. 1	4. 7	5. 0	6. 10	1. 3	2. 9	3. 5	4. 8	5. 8	6. 5
7. 5	8. 8	9. 9	10. 2	11. 6	12. 1	7. 0	8. 9	9. 4	10. 1	11. 7	12. 3
13. 10	14. 6	15. 4	16. 2	17. 0	18. 7	13. 10	14. 6	15. 2	16. 5	17. 1	18. 7

Page 3

Set I						Set II					
1. 12	2. 10	3. 16	4. 8	5. 20	6. 4	1. 8	2. 18	3. 10	4. 6	5. 12	6. 20
7. 18	8. 14	9. 6	10. 4	11. 18	12. 8	7. 14	8. 16	9. 4	10. 14	11. 8	12. 18
13. 16	14. 14	15. 10	16. 6	17. 20	18. 12	13. 12	14. 16	15. 4	16. 6	17. 10	18. 20

Page 4

Set I						Set II					
1. 8	2. 6	3. 10	4. 18	5. 14	6. 20	1. 14	2. 6	3. 4	4. 16	5. 12	6. 8
7. 4	8. 16	9. 12	10. 16	11. 18	12. 8	7. 20	8. 18	9. 10	10. 8	11. 6	12. 16
13. 20	14. 14	15. 6	16. 4	17. 10	18. 12	13. 20	14. 18	15. 14	16. 4	17. 10	18. 12

Page 5

Set I						Set II					
1. 18	2. 6	3. 16	4. 4	5. 12	6. 20	1. 6	2. 20	3. 12	4. 18	5. 4	6. 10
7. 10	8. 8	9. 14	10. 12	11. 18	12. 10	7. 16	8. 8	9. 14	10. 16	11. 6	12. 4
13. 4	14. 14	15. 20	16. 8	17. 16	18. 6	13. 12	14. 8	15. 18	16. 10	17. 20	18. 14

Page 6

Set I						Set II					
1. 12	2. 4	3. 18	4. 6	5. 14	6. 16	1. 10	2. 6	3. 4	4. 18	5. 14	6. 16
7. 8	8. 20	9. 10	10. 20	11. 12	12. 10	7. 20	8. 8	9. 12	10. 8	11. 18	12. 14
13. 18	14. 8	15. 16	16. 14	17. 6	18. 4	13. 4	14. 20	15. 12	16. 10	17. 16	18. 6

Page 7

Set I						Set II					
1. 27	2. 18	3. 9	4. 21	5. 24	6. 6	1. 18	2. 21	3. 9	4. 30	5. 27	6. 12
7. 30	8. 12	9. 15	10. 15	11. 21	12. 27	7. 6	8. 24	9. 15	10. 21	11. 30	12. 24
13. 18	14. 24	15. 6	16. 9	17. 30	18. 12	13. 18	14. 6	15. 12	16. 15	17. 9	18. 27

Page 8

Set I						Set II					
1. 27	2. 15	3. 6	4. 21	5. 18	6. 24	1. 15	2. 9	3. 24	4. 21	5. 12	6. 18
7. 30	8. 9	9. 12	10. 12	11. 21	12. 15	7. 6	8. 30	9. 27	10. 21	11. 12	12. 15
13. 30	14. 24	15. 27	16. 18	17. 9	18. 6	13. 24	14. 6	15. 9	16. 27	17. 18	18. 30

Page 9

Set I						Set II					
1. 6	2. 21	3. 15	4. 27	5. 24	6. 30	1. 27	2. 6	3. 18	4. 30	5. 9	6. 24
7. 9	8. 18	9. 12	10. 27	11. 21	12. 15	7. 21	8. 12	9. 15	10. 18	11. 9	12. 15
13. 24	14. 18	15. 12	16. 30	17. 9	18. 6	13. 27	14. 24	15. 30	16. 12	17. 6	18. 21

Page 10

Set I						Set II					
1. 30	2. 9	3. 12	4. 18	5. 15	6. 21	1. 30	2. 24	3. 6	4. 27	5. 18	6. 21
7. 27	8. 24	9. 6	10. 24	11. 12	12. 9	7. 15	8. 12	9. 9	10. 9	11. 24	12. 30
13. 15	14. 27	15. 18	16. 30	17. 6	18. 21	13. 15	14. 18	15. 21	16. 27	17. 12	18. 6

Page 11

Set I						Set II					
1. 32	2. 24	3. 40	4. 16	5. 20	6. 36	1. 12	2. 28	3. 40	4. 36	5. 8	6. 24
7. 8	8. 28	9. 12	10. 32	11. 8	12. 16	7. 20	8. 32	9. 16	10. 12	11. 8	12. 24
13. 36	14. 28	15. 20	16. 40	17. 12	18. 24	13. 28	14. 16	15. 20	16. 36	17. 40	18. 32

Page 12

Set I						Set II					
1. 16	2. 28	3. 12	4. 36	5. 32	6. 20	1. 12	2. 36	3. 24	4. 32	5. 28	6. 40
7. 40	8. 24	9. 8	10. 12	11. 24	12. 32	7. 16	8. 20	9. 8	10. 40	11. 20	12. 32
13. 8	14. 28	15. 16	16. 36	17. 20	18. 40	13. 12	14. 36	15. 16	16. 8	17. 28	18. 24

Page 13

Set I						Set II					
1. 40	2. 20	3. 28	4. 8	5. 36	6. 32	1. 28	2. 20	3. 32	4. 40	5. 12	6. 8
7. 24	8. 12	9. 16	10. 8	11. 40	12. 36	7. 16	8. 24	9. 36	10. 12	11. 32	12. 8
13. 24	14. 20	15. 28	16. 16	17. 32	18. 12	13. 40	14. 24	15. 28	16. 16	17. 20	18. 36

Page 14

Set I						Set II					
1. 28	2. 40	3. 20	4. 36	5. 16	6. 32	1. 40	2. 12	3. 16	4. 28	5. 36	6. 24
7. 8	8. 12	9. 24	10. 36	11. 40	12. 32	7. 8	8. 20	9. 32	10. 8	11. 36	12. 32
13. 24	14. 12	15. 16	16. 8	17. 20	18. 28	13. 24	14. 12	15. 20	16. 40	17. 28	18. 16

Page 15

Set I						Set II					
1. 30	2. 10	3. 25	4. 50	5. 40	6. 15	1. 30	2. 10	3. 25	4. 45	5. 50	6. 20
7. 35	8. 20	9. 45	10. 30	11. 50	12. 25	7. 40	8. 35	9. 15	10. 10	11. 40	12. 45
13. 45	14. 10	15. 20	16. 35	17. 40	18. 15	13. 50	14. 15	15. 25	16. 20	17. 30	18. 35

Page 16

Set I						Set II					
1. 50	2. 10	3. 45	4. 15	5. 30	6. 35	1. 40	2. 25	3. 35	4. 30	5. 15	6. 10
7. 25	8. 40	9. 20	10. 30	11. 35	12. 45	7. 20	8. 45	9. 50	10. 40	11. 45	12. 15
13. 15	14. 50	15. 20	16. 25	17. 40	18. 10	13. 50	14. 35	15. 25	16. 30	17. 20	18. 10

Page 17

Set I						Set II					
1. 45	2. 20	3. 15	4. 30	5. 25	6. 35	1. 40	2. 15	3. 20	4. 50	5. 45	6. 25
7. 50	8. 10	9. 40	10. 15	11. 20	12. 30	7. 30	8. 10	9. 35	10. 40	11. 50	12. 30
13. 10	14. 50	15. 35	16. 40	17. 25	18. 45	13. 15	14. 45	15. 35	16. 25	17. 20	18. 10

Page 18

Set I						Set II					
1. 20	2. 15	3. 35	4. 10	5. 40	6. 50	1. 10	2. 15	3. 40	4. 20	5. 35	6. 45
7. 30	8. 25	9. 45	10. 20	11. 30	12. 10	7. 50	8. 30	9. 25	10. 15	11. 50	12. 35
13. 15	14. 35	15. 40	16. 25	17. 50	18. 45	13. 20	14. 25	15. 40	16. 10	17. 30	18. 45

Page 19

	Set I							Set II				
1. 6	2. 32	3. 18	4. 15	5. 18	6. 28		1. 20	2. 30	3. 20	4. 40	5. 12	6. 4
7. 20	8. 25	9. 12	10. 20	11. 6	12. 40		7. 27	8. 28	9. 6	10. 50	11. 14	12. 15
13. 12	14. 45	15. 28	16. 15	17. 6	18. 32		13. 18	14. 36	15. 15	16. 4	17. 16	18. 40

Page 20

	Set I							Set II				
1. 4	2. 35	3. 32	4. 15	5. 50	6. 8		1. 9	2. 20	3. 45	4. 10	5. 21	6. 8
7. 9	8. 24	9. 18	10. 20	11. 6	12. 35		7. 24	8. 40	9. 8	10. 12	11. 50	12. 20
13. 40	14. 15	15. 12	16. 12	17. 45	18. 32		13. 4	14. 18	15. 27	16. 16	17. 12	18. 35

Page 21

	Set I							Set II				
1. 40	2. 24	3. 25	4. 14	5. 18	6. 16		1. 6	2. 45	3. 16	4. 18	5. 16	6. 50
7. 45	8. 4	9. 12	10. 40	11. 12	12. 15		7. 28	8. 15	9. 15	10. 6	11. 10	12. 28
13. 21	14. 10	15. 16	16. 18	17. 12	18. 20		13. 24	14. 12	15. 8	16. 27	17. 50	18. 20

Page 22

	Set I							Set II				
1. 30	2. 28	3. 12	4. 10	5. 32	6. 27		1. 50	2. 8	3. 12	4. 18	5. 40	6. 18
7. 8	8. 15	9. 25	10. 12	11. 6	12. 20		7. 25	8. 4	9. 28	10. 9	11. 10	12. 20
13. 15	14. 30	15. 32	16. 8	17. 27	18. 28		13. 24	14. 28	15. 36	16. 12	17. 12	18. 25

Page 23

	Set I							Set II				
1. 30	2. 54	3. 42	4. 36	5. 18	6. 24		1. 48	2. 54	3. 42	4. 36	5. 60	6. 18
7. 12	8. 60	9. 48	10. 60	11. 18	12. 30		7. 24	8. 30	9. 12	10. 42	11. 30	12. 24
13. 12	14. 54	15. 24	16. 42	17. 48	18. 36		13. 36	14. 18	15. 54	16. 60	17. 48	18. 12

Page 24

	Set I							Set II				
1. 30	2. 48	3. 42	4. 60	5. 54	6. 12		1. 24	2. 48	3. 54	4. 42	5. 36	6. 30
7. 36	8. 18	9. 24	10. 48	11. 42	12. 36		7. 18	8. 60	9. 12	10. 42	11. 24	12. 12
13. 54	14. 24	15. 60	16. 12	17. 30	18. 18		13. 54	14. 60	15. 36	16. 18	17. 30	18. 48

Page 25

Set I						Set II					
1. 18	2. 60	3. 54	4. 48	5. 12	6. 42	1. 12	2. 18	3. 30	4. 60	5. 54	6. 42
7. 30	8. 24	9. 36	10. 42	11. 36	12. 48	7. 36	8. 24	9. 48	10. 36	11. 42	12. 12
13. 30	14. 12	15. 24	16. 60	17. 54	18. 18	13. 54	14. 24	15. 48	16. 18	17. 60	18. 30

Page 26

Set I						Set II					
1. 60	2. 24	3. 30	4. 12	5. 54	6. 36	1. 30	2. 60	3. 42	4. 18	5. 48	6. 54
7. 48	8. 42	9. 18	10. 60	11. 24	12. 18	7. 12	8. 24	9. 36	10. 18	11. 42	12. 30
13. 12	14. 30	15. 54	16. 42	17. 36	18. 48	13. 60	14. 36	15. 48	16. 54	17. 24	18. 12

Page 27

Set I						Set II					
1. 49	2. 70	3. 21	4. 28	5. 14	6. 42	1. 49	2. 56	3. 35	4. 21	5. 42	6. 63
7. 35	8. 56	9. 63	10. 49	11. 42	12. 21	7. 14	8. 70	9. 28	10. 28	11. 35	12. 21
13. 14	14. 63	15. 56	16. 28	17. 70	18. 35	13. 49	14. 42	15. 14	16. 63	17. 70	18. 56

Page 28

Set I						Set II					
1. 56	2. 28	3. 21	4. 49	5. 42	6. 14	1. 70	2. 49	3. 63	4. 56	5. 35	6. 28
7. 35	8. 63	9. 70	10. 49	11. 63	12. 21	7. 21	8. 42	9. 14	10. 70	11. 63	12. 56
13. 42	14. 14	15. 70	16. 56	17. 28	18. 35	13. 42	14. 21	15. 28	16. 49	17. 35	18. 14

Page 29

Set I						Set II					
1. 42	2. 49	3. 70	4. 63	5. 28	6. 56	1. 42	2. 70	3. 35	4. 21	5. 14	6. 63
7. 21	8. 35	9. 14	10. 63	11. 28	12. 42	7. 28	8. 49	9. 56	10. 42	11. 56	12. 14
13. 35	14. 49	15. 56	16. 70	17. 21	18. 14	13. 28	14. 35	15. 49	16. 21	17. 70	18. 63

Page 30

Set I						Set II					
1. 21	2. 49	3. 42	4. 28	5. 14	6. 56	1. 42	2. 56	3. 63	4. 14	5. 21	6. 28
7. 63	8. 35	9. 70	10. 35	11. 28	12. 14	7. 70	8. 35	9. 49	10. 56	11. 42	12. 14
13. 63	14. 21	15. 42	16. 56	17. 70	18. 49	13. 70	14. 35	15. 63	16. 28	17. 21	18. 49

Page 31

Set I						Set II					
1. 72	2. 64	3. 80	4. 24	5. 56	6. 48	1. 48	2. 24	3. 32	4. 16	5. 64	6. 56
7. 40	8. 32	9. 16	10. 56	11. 32	12. 24	7. 72	8. 40	9. 80	10. 56	11. 24	12. 80
13. 64	14. 48	15. 72	16. 40	17. 80	18. 16	13. 16	14. 64	15. 72	16. 32	17. 48	18. 40

Page 32

Set I						Set II					
1. 56	2. 48	3. 64	4. 40	5. 72	6. 16	1. 16	2. 24	3. 40	4. 48	5. 56	6. 72
7. 24	8. 80	9. 32	10. 32	11. 64	12. 48	7. 32	8. 64	9. 80	10. 40	11. 32	12. 80
13. 56	14. 24	15. 40	16. 16	17. 72	18. 80	13. 72	14. 16	15. 48	16. 56	17. 64	18. 24

Page 33

Set I						Set II					
1. 72	2. 32	3. 48	4. 56	5. 24	6. 40	1. 40	2. 24	3. 80	4. 32	5. 16	6. 64
7. 16	8. 80	9. 64	10. 32	11. 64	12. 40	7. 48	8. 72	9. 56	10. 56	11. 48	12. 24
13. 80	14. 72	15. 48	16. 24	17. 16	18. 56	13. 40	14. 72	15. 64	16. 16	17. 80	18. 32

Page 34

Set I						Set II					
1. 24	2. 40	3. 56	4. 72	5. 64	6. 48	1. 64	2. 16	3. 24	4. 56	5. 80	6. 40
7. 16	8. 32	9. 80	10. 72	11. 40	12. 48	7. 32	8. 48	9. 72	10. 80	11. 40	12. 16
13. 64	14. 16	15. 80	16. 32	17. 56	18. 24	13. 64	14. 56	15. 72	16. 48	17. 32	18. 24

Page 35

Set I						Set II					
1. 45	2. 90	3. 72	4. 36	5. 27	6. 18	1. 18	2. 36	3. 72	4. 54	5. 90	6. 45
7. 54	8. 63	9. 81	10. 27	11. 72	12. 54	7. 81	8. 27	9. 63	10. 45	11. 36	12. 81
13. 63	14. 90	15. 36	16. 18	17. 81	18. 45	13. 63	14. 90	15. 54	16. 72	17. 18	18. 27

Page 36

Set I						Set II					
1. 54	2. 18	3. 63	4. 45	5. 27	6. 81	1. 36	2. 27	3. 81	4. 90	5. 45	6. 63
7. 72	8. 90	9. 36	10. 27	11. 72	12. 18	7. 54	8. 18	9. 72	10. 81	11. 45	12. 72
13. 36	14. 63	15. 81	16. 90	17. 54	18. 45	13. 54	14. 27	15. 90	16. 36	17. 63	18. 18

Page 37

	Set I						Set II				
1. 72	2. 90	3. 54	4. 36	5. 81	6. 18	1. 45	2. 81	3. 27	4. 54	5. 63	6. 72
7. 27	8. 63	9. 45	10. 54	11. 36	12. 63	7. 18	8. 90	9. 36	10. 45	11. 63	12. 36
13. 18	14. 81	15. 45	16. 27	17. 72	18. 90	13. 90	14. 27	15. 72	16. 81	17. 54	18. 18

Page 38

	Set I						Set II				
1. 90	2. 81	3. 45	4. 54	5. 18	6. 72	1. 18	2. 63	3. 81	4. 27	5. 90	6. 36
7. 63	8. 36	9. 27	10. 72	11. 54	12. 18	7. 72	8. 54	9. 45	10. 90	11. 27	12. 81
13. 90	14. 81	15. 45	16. 36	17. 63	18. 27	13. 18	14. 36	15. 54	16. 63	17. 45	18. 72

Page 39

	Set I						Set II				
1. 90	2. 50	3. 70	4. 20	5. 80	6. 60	1. 40	2. 50	3. 70	4. 90	5. 20	6. 30
7. 40	8. 100	9. 30	10. 100	11. 30	12. 20	7. 100	8. 80	9. 60	10. 100	11. 70	12. 20
13. 60	14. 70	15. 90	16. 50	17. 80	18. 40	13. 80	14. 90	15. 40	16. 60	17. 50	18. 30

Page 40

	Set I						Set II				
1. 20	2. 70	3. 80	4. 60	5. 30	6. 40	1. 60	2. 40	3. 20	4. 100	5. 70	6. 80
7. 50	8. 100	9. 90	10. 100	11. 40	12. 60	7. 90	8. 50	9. 30	10. 100	11. 40	12. 30
13. 80	14. 50	15. 90	16. 20	17. 70	18. 30	13. 80	14. 20	15. 60	16. 50	17. 70	18. 90

Page 41

	Set I						Set II				
1. 40	2. 70	3. 60	4. 80	5. 20	6. 90	1. 60	2. 100	3. 40	4. 80	5. 50	6. 20
7. 50	8. 30	9. 100	10. 40	11. 30	12. 90	7. 30	8. 70	9. 90	10. 30	11. 80	12. 90
13. 100	14. 70	15. 60	16. 50	17. 80	18. 20	13. 100	14. 70	15. 50	16. 60	17. 40	18. 20

Page 42

	Set I						Set II				
1. 70	2. 30	3. 20	4. 40	5. 90	6. 80	1. 60	2. 80	3. 90	4. 70	5. 50	6. 100
7. 100	8. 50	9. 60	10. 50	11. 100	12. 60	7. 30	8. 40	9. 20	10. 60	11. 30	12. 100
13. 80	14. 70	15. 90	16. 20	17. 30	18. 40	13. 90	14. 50	15. 40	16. 20	17. 80	18. 70

Page 43

Set I						Set II					
1. 63	2. 30	3. 40	4. 63	5. 48	6. 20	1. 48	2. 56	3. 100	4. 18	5. 63	6. 32
7. 64	8. 70	9. 18	10. 54	11. 48	12. 81	7. 18	8. 60	9. 30	10. 40	11. 56	12. 81
13. 14	14. 40	15. 40	16. 21	17. 100	18. 63	13. 18	14. 16	15. 100	16. 63	17. 42	18. 36

Page 44

Set I						Set II					
1. 72	2. 24	3. 49	4. 90	5. 30	6. 14	1. 64	2. 30	3. 45	4. 36	5. 20	6. 70
7. 60	8. 32	9. 60	10. 36	11. 30	12. 60	7. 72	8. 36	9. 49	10. 12	11. 48	12. 70
13. 14	14. 72	15. 90	16. 63	17. 56	18. 18	13. 24	14. 40	15. 54	16. 56	17. 90	18. 50

Page 45

Set I						Set II					
1. 40	2. 36	3. 100	4. 56	5. 54	6. 24	1. 49	2. 24	3. 54	4. 20	5. 24	6. 42
7. 63	8. 60	9. 14	10. 48	11. 80	12. 70	7. 45	8. 60	9. 64	10. 90	11. 90	12. 42
13. 35	14. 81	15. 18	16. 18	17. 60	18. 32	13. 42	14. 40	15. 16	16. 56	17. 45	18. 21

Page 46

Set I						Set II					
1. 54	2. 40	3. 60	4. 49	5. 90	6. 18	1. 70	2. 32	3. 21	4. 100	5. 30	6. 72
7. 64	8. 28	9. 18	10. 20	11. 80	12. 54	7. 48	8. 16	9. 90	10. 30	11. 18	12. 21
13. 45	14. 56	15. 70	16. 27	17. 24	18. 42	13. 48	14. 81	15. 60	16. 80	17. 49	18. 36

Page 47

Set I						Set II					
1. 77	2. 22	3. 110	4. 44	5. 55	6. 88	1. 88	2. 22	3. 99	4. 55	5. 44	6. 110
7. 66	8. 33	9. 99	10. 66	11. 110	12. 22	7. 33	8. 77	9. 66	10. 44	11. 99	12. 110
13. 88	14. 77	15. 33	16. 44	17. 55	18. 99	13. 22	14. 88	15. 66	16. 33	17. 55	18. 77

Page 48

Set I						Set II					
1. 22	2. 88	3. 55	4. 77	5. 110	6. 99	1. 88	2. 99	3. 44	4. 110	5. 77	6. 33
7. 44	8. 66	9. 33	10. 88	11. 99	12. 110	7. 22	8. 55	9. 66	10. 44	11. 77	12. 88
13. 55	14. 22	15. 77	16. 44	17. 33	18. 66	13. 33	14. 99	15. 22	16. 55	17. 110	18. 66

Page 49

	Set I						Set II				
1. 55	2. 99	3. 44	4. 22	5. 66	6. 110	1. 66	2. 33	3. 55	4. 88	5. 110	6. 77
7. 77	8. 33	9. 88	10. 22	11. 33	12. 99	7. 99	8. 22	9. 44	10. 77	11. 99	12. 110
13. 55	14. 66	15. 88	16. 44	17. 77	18. 110	13. 44	14. 66	15. 22	16. 55	17. 33	18. 88

Page 50

	Set I						Set II				
1. 110	2. 22	3. 55	4. 99	5. 33	6. 44	1. 22	2. 77	3. 55	4. 33	5. 44	6. 66
7. 66	8. 77	9. 88	10. 55	11. 99	12. 110	7. 88	8. 110	9. 99	10. 77	11. 66	12. 88
13. 66	14. 22	15. 88	16. 44	17. 77	18. 33	13. 44	14. 110	15. 55	16. 99	17. 22	18. 33

Page 51

	Set I						Set II				
1. 24	2. 60	3. 84	4. 72	5. 120	6. 108	1. 84	2. 108	3. 24	4. 72	5. 60	6. 36
7. 96	8. 48	9. 36	10. 36	11. 84	12. 120	7. 96	8. 48	9. 120	10. 84	11. 60	12. 96
13. 24	14. 48	15. 72	16. 96	17. 108	18. 60	13. 72	14. 48	15. 108	16. 36	17. 24	18. 120

Page 52

	Set I						Set II				
1. 108	2. 96	3. 24	4. 84	5. 36	6. 120	1. 84	2. 108	3. 120	4. 24	5. 72	6. 60
7. 60	8. 48	9. 72	10. 24	11. 72	12. 60	7. 36	8. 96	9. 48	10. 84	11. 108	12. 120
13. 120	14. 96	15. 48	16. 108	17. 84	18. 36	13. 48	14. 60	15. 96	16. 36	17. 24	18. 72

Page 53

	Set I						Set II				
1. 120	2. 24	3. 96	4. 48	5. 108	6. 84	1. 24	2. 84	3. 120	4. 72	5. 60	6. 96
7. 60	8. 72	9. 36	10. 24	11. 120	12. 72	7. 36	8. 108	9. 48	10. 120	11. 84	12. 24
13. 48	14. 36	15. 60	16. 84	17. 96	18. 108	13. 60	14. 48	15. 36	16. 96	17. 108	18. 72

Page 54

	Set I						Set II				
1. 96	2. 108	3. 84	4. 48	5. 24	6. 120	1. 108	2. 72	3. 60	4. 36	5. 24	6. 84
7. 72	8. 36	9. 60	10. 72	11. 96	12. 24	7. 48	8. 120	9. 96	10. 96	11. 120	12. 48
13. 84	14. 60	15. 48	16. 120	17. 108	18. 36	13. 72	14. 60	15. 36	16. 108	17. 24	18. 84

Page 55

Set I						Set II					
1. 32	2. 28	3. 33	4. 18	5. 72	6. 18	1. 50	2. 96	3. 14	4. 77	5. 99	6. 20
7. 84	8. 30	9. 50	10. 40	11. 20	12. 42	7. 9	8. 40	9. 24	10. 36	11. 64	12. 50
13. 32	14. 10	15. 48	16. 6	17. 81	18. 15	13. 35	14. 108	15. 36	16. 30	17. 56	18. 4

Page 56

Set I						Set II					
1. 16	2. 20	3. 12	4. 45	5. 28	6. 80	1. 40	2. 18	3. 60	4. 18	5. 21	6. 27
7. 66	8. 84	9. 15	10. 90	11. 30	12. 24	7. 60	8. 63	9. 40	10. 8	11. 30	12. 30
13. 21	14. 8	15. 80	16. 72	17. 22	18. 84	13. 32	14. 33	15. 16	16. 30	17. 42	18. 99

Page 57

Set I						Set II					
1. 72	2. 35	3. 72	4. 16	5. 27	6. 70	1. 6	2. 40	3. 50	4. 72	5. 16	6. 56
7. 50	8. 18	9. 4	10. 40	11. 22	12. 27	7. 54	8. 14	9. 60	10. 50	11. 24	12. 99
13. 64	14. 54	15. 16	16. 21	17. 70	18. 66	13. 9	14. 63	15. 50	16. 40	17. 16	18. 88

Page 58

Set I						Set II					
1. 16	2. 60	3. 24	4. 25	5. 36	6. 66	1. 30	2. 20	3. 50	4. 56	5. 108	6. 15
7. 70	8. 16	9. 81	10. 8	11. 14	12. 45	7. 36	8. 80	9. 48	10. 21	11. 30	12. 66
13. 28	14. 18	15. 18	16. 21	17. 96	18. 110	13. 16	14. 30	15. 16	16. 99	17. 24	18. 49

Page 59

Set I						Set II					
1. 65	2. 52	3. 117	4. 39	5. 78	6. 91	1. 26	2. 65	3. 52	4. 39	5. 78	6. 117
7. 104	8. 26	9. 130	10. 65	11. 52	12. 91	7. 104	8. 91	9. 130	10. 52	11. 78	12. 117
13. 117	14. 39	15. 78	16. 130	17. 104	18. 26	13. 39	14. 65	15. 130	16. 104	17. 26	18. 91

Page 60

Set I						Set II					
1. 52	2. 130	3. 104	4. 65	5. 26	6. 78	1. 91	2. 78	3. 52	4. 104	5. 39	6. 130
7. 117	8. 91	9. 39	10. 78	11. 130	12. 65	7. 65	8. 26	9. 117	10. 65	11. 78	12. 117
13. 91	14. 104	15. 39	16. 117	17. 26	18. 52	13. 52	14. 104	15. 39	16. 130	17. 26	18. 91

Page 61

	Set I								Set II				
1. 112	2. 126	3. 56	4. 98	5. 140	6. 84		1. 98	2. 126	3. 84	4. 28	5. 140	6. 70
7. 70	8. 28	9. 42	10. 140	11. 28	12. 42		7. 112	8. 56	9. 42	10. 56	11. 84	12. 42
13. 126	14. 112	15. 70	16. 84	17. 56	18. 98		13. 28	14. 112	15. 70	16. 140	17. 126	18. 98

Page 62

	Set I								Set II				
1. 84	2. 70	3. 98	4. 42	5. 56	6. 126		1. 140	2. 70	3. 56	4. 84	5. 98	6. 126
7. 112	8. 140	9. 28	10. 42	11. 84	12. 28		7. 112	8. 28	9. 42	10. 28	11. 70	12. 126
13. 112	14. 98	15. 70	16. 140	17. 56	18. 126		13. 140	14. 56	15. 98	16. 42	17. 112	18. 84

Page 63

	Set I								Set II				
1. 150	2. 135	3. 30	4. 105	5. 60	6. 75		1. 120	2. 30	3. 90	4. 60	5. 135	6. 75
7. 90	8. 45	9. 120	10. 120	11. 45	12. 135		7. 150	8. 105	9. 45	10. 60	11. 105	12. 30
13. 30	14. 60	15. 150	16. 75	17. 105	18. 90		13. 120	14. 90	15. 150	16. 45	17. 135	18. 75

Page 64

	Set I								Set II				
1. 60	2. 120	3. 135	4. 105	5. 30	6. 75		1. 105	2. 135	3. 30	4. 60	5. 150	6. 45
7. 45	8. 90	9. 150	10. 75	11. 135	12. 120		7. 75	8. 90	9. 120	10. 45	11. 150	12. 135
13. 90	14. 30	15. 105	16. 45	17. 60	18. 150		13. 120	14. 105	15. 60	16. 75	17. 90	18. 30

Page 65

	Set I								Set II				
1. 104	2. 84	3. 45	4. 44	5. 70	6. 26		1. 90	2. 98	3. 36	4. 126	5. 44	6. 130
7. 72	8. 126	9. 150	10. 44	11. 88	12. 70		7. 75	8. 22	9. 120	10. 91	11. 60	12. 84
13. 91	14. 24	15. 90	16. 36	17. 117	18. 110		13. 60	14. 130	15. 88	16. 42	17. 24	18. 108

Page 66

	Set I								Set II				
1. 110	2. 72	3. 126	4. 75	5. 26	6. 42		1. 130	2. 55	3. 72	4. 77	5. 28	6. 52
7. 84	8. 88	9. 60	10. 39	11. 130	12. 24		7. 120	8. 42	9. 135	10. 55	11. 120	12. 117
13. 55	14. 105	15. 126	16. 84	17. 120	18. 48		13. 112	14. 77	15. 36	16. 78	17. 60	18. 28

Page 67

Set I						Set II					
1. 104	2. 120	3. 105	4. 22	5. 126	6. 33	1. 24	2. 112	3. 84	4. 150	5. 126	6. 65
7. 90	8. 65	9. 48	10. 112	11. 24	12. 99	7. 33	8. 72	9. 60	10. 140	11. 66	12. 91
13. 140	14. 90	15. 91	16. 44	17. 39	18. 75	13. 39	14. 60	15. 28	16. 44	17. 135	18. 96

Page 68

Set I						Set II					
1. 33	2. 26	3. 75	4. 112	5. 84	6. 78	1. 48	2. 70	3. 126	4. 88	5. 45	6. 24
7. 44	8. 120	9. 135	10. 70	11. 24	12. 56	7. 130	8. 98	9. 78	10. 66	11. 45	12. 96
13. 33	14. 117	15. 105	16. 110	17. 120	18. 78	13. 75	14. 130	15. 28	16. 84	17. 44	18. 108

Page 69

Set I						Set II					
1. 96	2. 64	3. 112	4. 128	5. 144	6. 32	1. 144	2. 160	3. 128	4. 96	5. 32	6. 112
7. 160	8. 48	9. 80	10. 96	11. 48	12. 64	7. 64	8. 48	9. 80	10. 48	11. 144	12. 160
13. 144	14. 112	15. 128	16. 32	17. 160	18. 80	13. 96	14. 128	15. 32	16. 80	17. 64	18. 112

Page 70

Set I						Set II					
1. 32	2. 144	3. 128	4. 96	5. 112	6. 160	1. 32	2. 48	3. 80	4. 160	5. 144	6. 112
7. 64	8. 48	9. 80	10. 144	11. 96	12. 80	7. 64	8. 128	9. 96	10. 96	11. 48	12. 64
13. 48	14. 32	15. 128	16. 112	17. 160	18. 64	13. 32	14. 112	15. 80	16. 144	17. 128	18. 160

Page 71

Set I						Set II					
1. 170	2. 85	3. 153	4. 102	5. 68	6. 34	1. 119	2. 102	3. 51	4. 170	5. 34	6. 153
7. 51	8. 119	9. 136	10. 51	11. 102	12. 153	7. 68	8. 136	9. 85	10. 153	11. 136	12. 51
13. 170	14. 119	15. 34	16. 85	17. 136	18. 68	13. 85	14. 170	15. 34	16. 119	17. 68	18. 102

Page 72

Set I						Set II					
1. 153	2. 51	3. 85	4. 170	5. 102	6. 119	1. 51	2. 68	3. 136	4. 102	5. 153	6. 119
7. 34	8. 136	9. 68	10. 119	11. 102	12. 51	7. 34	8. 85	9. 170	10. 153	11. 136	12. 68
13. 68	14. 170	15. 136	16. 85	17. 153	18. 34	13. 34	14. 102	15. 170	16. 119	17. 85	18. 51

Page 73

	Set I				
1. 108	2. 144	3. 90	4. 162	5. 54	6. 180
7. 126	8. 36	9. 72	10. 126	11. 162	12. 72
13. 144	14. 36	15. 54	16. 108	17. 180	18. 90

	Set II				
1. 90	2. 36	3. 126	4. 72	5. 108	6. 162
7. 180	8. 54	9. 144	10. 126	11. 162	12. 54
13. 36	14. 72	15. 144	16. 180	17. 90	18. 108

Page 74

	Set I				
1. 162	2. 36	3. 90	4. 72	5. 180	6. 144
7. 54	8. 108	9. 126	10. 144	11. 162	12. 54
13. 108	14. 90	15. 180	16. 36	17. 72	18. 126

	Set II				
1. 162	2. 54	3. 144	4. 36	5. 90	6. 108
7. 126	8. 180	9. 72	10. 108	11. 180	12. 126
13. 36	14. 144	15. 72	16. 90	17. 54	18. 162

Page 75

	Set I				
1. 171	2. 76	3. 133	4. 57	5. 190	6. 95
7. 152	8. 114	9. 38	10. 171	11. 152	12. 95
13. 76	14. 190	15. 133	16. 114	17. 38	18. 57

	Set II				
1. 133	2. 38	3. 171	4. 76	5. 57	6. 152
7. 95	8. 190	9. 114	10. 171	11. 95	12. 152
13. 133	14. 190	15. 76	16. 38	17. 114	18. 57

Page 76

	Set I				
1. 190	2. 171	3. 57	4. 38	5. 133	6. 114
7. 76	8. 95	9. 152	10. 38	11. 114	12. 152
13. 57	14. 171	15. 95	16. 133	17. 76	18. 190

	Set II				
1. 95	2. 152	3. 57	4. 190	5. 76	6. 114
7. 171	8. 38	9. 133	10. 95	11. 190	12. 114
13. 133	14. 38	15. 152	16. 57	17. 76	18. 171

Page 77

	Set I				
1. 160	2. 120	3. 80	4. 140	5. 180	6. 60
7. 100	8. 200	9. 40	10. 120	11. 180	12. 160
13. 200	14. 100	15. 80	16. 40	17. 140	18. 60

	Set II				
1. 180	2. 80	3. 140	4. 100	5. 120	6. 160
7. 40	8. 200	9. 60	10. 160	11. 60	12. 40
13. 120	14. 80	15. 180	16. 200	17. 140	18. 100

Page 78

	Set I				
1. 180	2. 40	3. 80	4. 60	5. 200	6. 100
7. 120	8. 140	9. 160	10. 100	11. 200	12. 160
13. 120	14. 180	15. 40	16. 80	17. 140	18. 60

	Set II				
1. 180	2. 120	3. 80	4. 100	5. 140	6. 60
7. 200	8. 160	9. 40	10. 120	11. 60	12. 100
13. 180	14. 40	15. 80	16. 160	17. 140	18. 200

Page 79

	Set I						Set II				
1. 95	2. 160	3. 119	4. 36	5. 80	6. 162	1. 128	2. 171	3. 48	4. 76	5. 40	6. 90
7. 120	8. 57	9. 136	10. 144	11. 72	12. 96	7. 102	8. 119	9. 200	10. 126	11. 32	12. 152
13. 38	14. 170	15. 60	16. 100	17. 119	18. 144	13. 153	14. 120	15. 90	16. 57	17. 160	18. 72

Page 80

	Set I						Set II				
1. 112	2. 152	3. 108	4. 200	5. 68	6. 48	1. 76	2. 180	3. 51	4. 108	5. 95	6. 32
7. 90	8. 40	9. 153	10. 76	11. 152	12. 36	7. 160	8. 171	9. 119	10. 126	11. 144	12. 80
13. 51	14. 100	15. 144	16. 160	17. 140	18. 102	13. 80	14. 108	15. 38	16. 136	17. 60	18. 190

Page 81

	Set I						Set II				
1. 76	2. 160	3. 85	4. 160	5. 162	6. 112	1. 108	2. 190	3. 48	4. 126	5. 34	6. 76
7. 51	8. 36	9. 120	10. 114	11. 162	12. 34	7. 100	8. 128	9. 153	10. 126	11. 190	12. 40
13. 57	14. 80	15. 80	16. 140	17. 160	18. 136	13. 90	14. 80	15. 96	16. 51	17. 171	18. 152

Page 82

	Set I						Set II				
1. 152	2. 126	3. 144	4. 100	5. 34	6. 80	1. 140	2. 76	3. 102	4. 190	5. 32	6. 180
7. 114	8. 180	9. 51	10. 32	11. 95	12. 170	7. 90	8. 144	9. 57	10. 160	11. 68	12. 48
13. 54	14. 160	15. 144	16. 119	17. 108	18. 64	13. 200	14. 153	15. 90	16. 96	17. 38	18. 126

Page 83

	Set I						Set II				
1. 24	2. 40	3. 64	4. 160	5. 54	6. 21	1. 84	2. 10	3. 50	4. 112	5. 24	6. 20
7. 18	8. 95	9. 24	10. 84	11. 170	12. 78	7. 72	8. 24	9. 63	10. 80	11. 24	12. 70
13. 120	14. 25	15. 27	16. 99	17. 20	18. 28	13. 119	14. 88	15. 30	16. 36	17. 171	18. 130

Page 84

	Set I						Set II				
1. 88	2. 91	3. 24	4. 68	5. 30	6. 90	1. 12	2. 20	3. 40	4. 24	5. 140	6. 24
7. 18	8. 50	9. 42	10. 40	11. 63	12. 60	7. 65	8. 81	9. 45	10. 14	11. 48	12. 48
13. 140	14. 60	15. 48	16. 12	17. 32	18. 171	13. 85	14. 88	15. 42	16. 90	17. 190	18. 126

Page 85

Set I						Set II					
1. 50	2. 54	3. 34	4. 56	5. 78	6. 133	1. 105	2. 80	3. 48	4. 30	5. 117	6. 152
7. 64	8. 20	9. 81	10. 200	11. 42	12. 72	7. 56	8. 18	9. 12	10. 10	11. 102	12. 108
13. 20	14. 112	15. 20	16. 9	17. 66	18. 24	13. 160	14. 54	15. 21	16. 55	17. 40	18. 70

Page 86

Set I						Set II					
1. 90	2. 133	3. 16	4. 108	5. 180	6. 25	1. 80	2. 130	3. 108	4. 105	5. 10	6. 21
7. 18	8. 44	9. 34	10. 81	11. 80	12. 91	7. 56	8. 108	9. 128	10. 72	11. 80	12. 100
13. 42	14. 9	15. 56	16. 40	17. 16	18. 100	13. 4	14. 48	15. 119	16. 114	17. 45	18. 9

Page 87

Set I						Set II					
1. 36	2. 56	3. 15	4. 170	5. 48	6. 45	1. 6	2. 18	3. 120	4. 60	5. 85	6. 32
7. 18	8. 117	9. 133	10. 40	11. 40	12. 36	7. 77	8. 200	9. 28	10. 42	11. 10	12. 95
13. 120	14. 64	15. 42	16. 22	17. 90	18. 140	13. 42	14. 40	15. 108	16. 27	17. 36	18. 64

Made in the USA
Lexington, KY
03 November 2019

56539155R00061